젊은
베르테르의
슬픔

# 젊은 베르테르의 술품

2018년 5월 30일 초판 1쇄 발행

**지은이** 명욱

**펴낸이** 김상현, 최세현    **책임편집** 이기웅, 정선영, 김새미나
**마케팅** 심규완, 김명래, 권금숙, 양봉호, 최의범,    **경영지원** 김현우, 강신우
      임지윤, 조히라    **해외기획** 우정민

**펴낸곳** 박하    **출판신고** 2006년 9월 25일 제406-2006-000210호
**주소** 경기도 파주시 회동길 174 파주출판도시    **전화** 031-960-4800
**팩스** 031-960-4806    **이메일** bakha@bakha.kr

SBS 아름다운 이 아침 김창완입니다 – 젊은 베르테르의 술품
Copyright ⓒ SBS (저작권자와 맺은 특약에 따라 검인을 생략합니다)

ISBN 979-89-6570-637-3 (03850)
박하는 (주)쌤앤파커스의 브랜드입니다.

가객 김창완·주객 명욱과 함께 떠나는

우리 술 이야기

# 젊은
# 베르테르의
# 술품

명욱 지음

박하

# 추천사

**맛있는 술을 찾아 떠나는
한 편의 여행기**

사실 공중파 라디오 방송에서 '술'을 소재로 다루는 건 그간 참 어려운 일이었습니다. 국민 정서상 술을 대놓고 다루는 게 유익하지 않을 수도 있고, 또 현실적으로 방송 심의라는 문제도 있었습니다. 하지만 대다수의 성인이라면 과음까지는 아니더라도 술을 어느 정도는 즐기고 있는 게 현실이잖아요. 이런 현실이 엄연한데도 방송에서는 앞서 얘기한 연유로 사실상 외면해오고 있던 것도 사실이었죠.

그럼 어떻게 하면 '술'을 유익하게, 그리고 재미있게 다뤄볼 수 있을까? 그런 욕심이 생겼습니다. 오랜 세월에 걸쳐 사람들의 삶과 함께해온 술의 역사적 가치, 그리고 그 술이 만들어지는 지역 양조장과 그 지역의 이야기까지 덧붙이면 역사에 여행이야기까지 할 수 있겠다, 라고 막연하게만 생각하고 있었습니다.

과연 이런 이야기를 누가 할 수 있을까? 그동안 공중파에서 다루

<아름다운 이 아침 김창완입니다>에서 '젊은 베르테르의 술품'을 함께 만든
윤의준 PD, 박현주, 김창완 선생님, 서정선 작가(왼쪽부터)

지 못했던 주제라 연사를 찾기가 쉽지는 않았습니다. 그러던 와중에 제 눈에 띈 분이 바로 명욱 선생님이었습니다. 우리나라 특유의 마시고 죽자 식의 대학 술 문화가 싫어 일본으로 유학까지 가셨던 분이 돌고 돌아 다시 전통주 칼럼니스트가 된 아이러니한 이력, 그리고 술이 가진 다양한 사회문화적 가치를 여러 매체에서 때로는 유쾌하게, 때로는 진중하게 알리는 맛깔 나는 글을 보고 '아! 내가 찾던 사람이다' 하고 무릎을 쳤죠.

당시 제가 하던 프로그램 <아름다운 이 아침 김창완입니다>의 진행자 '김창완' 아저씨는 한국 음악계의 전설적인 뮤지션인 동시에

동시대 대중문화에 폭넓은 관심을 가지고 있었고, 무엇보다 술과 맛에 조예가 깊은 분이셨습니다. 물론 대단한 애주가시기도 하죠. 주말마다 이 두 분이 만나 펼치는 술 이야기는 맛있는 술을 찾아 떠나는 한 편의 신나는 여행기들이었습니다. 그 2년여의 기록들을 책으로 엮어 출간하게 됐네요. '술'이 단순히 백해무익한 것이 아닌, 우리 문화와 삶 속에서 그윽한 향을 내왔던 소중한 존재라는 것을 이 책을 읽으면 확인하실 수 있을 겁니다.

아, 간만의 여유로운 주말, 오늘도 가볍게 이 책 속 전통주 한 병을 따봅니다. 뿅!

– 윤의준 PD

# 책을 시작하며

## 지상파 라디오에서 술에 대해 떠들다

××××

약 3년 전, SBS 라디오로부터 제안을 하나 받았습니다. 바로 인기 라디오 프로그램인 SBS 라디오 '아름다운 이 아침 김창완입니다', 일명 '아침창'의 윤의준 PD가 술을 테마로 한 꼭지를 만들고 싶다고 했습니다. 그것도 지역 문화와 역사, 그리고 술을 빚는 사람의 생각과 철학을 중심으로 우리의 술 문화를 알리고 싶다는 것이었죠. 생각해보니 서양의 와인이나, 위스키, 그리고 일본의 사케(일본식 청주) 같은 외국 술에 대한 이야기는 이미 많이 알려져 있습니다. 그런데 문화적, 역사적 자료를 많이 가지고 있으면서도 대중에게 잘 알려지지 않은 술이 있죠. 바로 우리의 지역 전통주입니다. 기록된 문헌에만 천 종 가까이 있고, 집집마다 술 빚는 법을 생각하면 그 종류는 수십만을 헤아리고도 남을 전통주는 이상하게도 여전히 미지의 영역이었습니다. 이에 당시 연락을 준 '아침창'의 윤의준 피디와 함께, 잘 알려지지 않은 지역의 전통주를 알려보자고 뜻을 모았습니다. 지역 전통주를 매개체로 도시와 농촌의 소통을 시도하고, 숨겨진 우리 문화를 알리며, 여행과 연계해 직접 체험을 할 수 있게 진행해보자는 취지였습니다. 지상파 방송에서 술에 대해 공공연하게 이야기하는 것이 한편으로는 조심스럽기도 했고, 브랜드 명조차 제대로 말하지 못하는 상황에서 라디오라 눈에 보이지도 않는 술을 어떻게 알려야 하나 고민했지만, 벌써 그로부터 3년의 세월이 흘러 지금까지 왔습니다.

저는 사실 술을 좋아하는 사람이 아니었습니다. 과음이 싫어 학창 시절에는 늘 MT를 빠졌고, 뒤풀이에 가기 싫어서 늘 도망을 다녔죠. 강제로 마시라는 술이 너무도 싫었고, 이상하게 술이 취해도 기분이 좋기는커녕 속만 안 좋아졌습니다. 기껏해야 맥주 한두 잔 마시고 마무리를 했죠. 늘 술보다는 안주발만 세우는, 술자리의 미운 오리 새끼였습니다.

이후 전 일본으로 건너가 일본에서 대학을 졸업하고, 일본과 싱가포르에 적을 둔 기관투자사(벤처 캐피털)에서 근무를 하게 되었는데, 이때부터가 저의 음주 라이프의 시작이었습니다. 회사에서 한국 투자 담당을 맡았는데, 이때마다 일본분들 대상으로는 한국의 막걸리를, 한국분들에게는 일본의 사케를 대접하며 자연스럽게 양국의 술 문화를 배우고 접하게 되었죠. 재미있는 것은 막걸리 맛을 본 일본 고객들의 반응이었습니다. 누리끼리해 보이는 막걸리 색을 그들은 아이보리 컬러라 이야기했고, 시큼털털한 맛은 독특한 산미가 입맛을 돋운다며 좋아했습니다. 막걸리 아래에 깔린 침전물은 크리미하다며 좋아했죠. 우리나라에서 막걸리라 하면 중장년 남성들 취향의 올드한 술이라는 편견이 있는데, 일본에서는 젊은 여성이 잠자리에 들기 전, 잠옷을 입고 가볍게 즐기는 술로 막걸리를 홍보하고 있었습니다. 이런 일본의 문화를 보면서 제가 '막걸리는 고리타분한 문화'라는 편견을 가지고 있었다는 것을 알게 되었습니다.

일본과 싱가포르에서 근무를 하던 중, 2008년 금융위기가 터졌습니다. 늘 투자가라고 폼을 잡고 다녔지만, 금융위기는 수많은 노력을 해온 프로젝트를 하루아침에 단순한 종이 쪼가리로 만들었습니다. 그렇게 종이 쪼가리가 되는 순간, 관계를 맺어온 수많은 업체와도 이별을 고하게 되었죠. 이제까지 아무리 사이가 좋았어도 순간 모든 것이 사라질 수 있는 것이 투자 사업이라 생각하니 허무했습니다. 그러면서 변하지 않는 일, 그리고 하나씩 쌓아가는 일의 가치에 대해 생각했습니다. 그리고 그것이 바로 전통문화란 생각이 들었고, 그 중심에 있는 쌀, 마지막으로 그 쌀로 빚은 막걸리가 제 눈에 확 들어왔습니다.

바로 이것이다. 변하지 않는 가치를 가진 전통식품이면서 아직 제대로 그 가치가 알려지지 않은 막걸리! 전통주가 제 인생에 새로운 길을 열어주는 순간이었습니다.

한국의 전통주가 미래지향적인 사업이며, 변하지 않는 전통적인 사업이라 판단한 저는 한국에 돌아와 전통주 관련 콘텐츠 제작 회사의 창립멤버로 참여, 본격적으로 전통주 콘텐츠를 만들게 됩니다. 그때 막걸리 400종류를 마셔보고 DB로 만드는 업무를 담당, 국내 최대 포털 사이트 지식백과에 콘텐츠 제공을 하죠. 이 경험이야말로 최고의 막걸리 경험이었습니다.

지역의 막걸리는 수도권에서 판매를 하지 않으니 시골 동네의 많은 양조장을 직접 방문할 수밖에 없었고, 양조장 현지에서 마시는 막걸리 맛은 도시에서는 절대로 느낄 수 없는 감동 그 자체였습니다.

늘 외국의 문화만 동경하던 생각이 잘못되었음을 깨닫고, 여러 콘텐츠와 기사, 칼럼을 통해 저와 같은 고민을 하는 분들과 소통해왔습니다. 그리고 한국의 술은 우리가 생각하는 이상으로 귀한 가치를 가지고 있다는 것을 깨달았습니다.

김창완 선생님을 처음 뵌 것은 역시 3년 전, 2015년 11월 첫 방송으로 기억합니다. 늘 편안하고 부드러운 이미지로만 생각했는데 술에 대한 철학은 확고했습니다. 술은 원료의 풍미가 살아 있어야 하며, 장난친 술은 안된다는 것, 그리고 맛도 중요하지만 술 빚는 이의 생각과 철학이 가장 중요하다고 말씀하시던 게 생생하게 기억납니다. 때때로 날카로운 질문이 날아오기도 했습니다. 방송을 대본대로만 하는 것을 싫어하셔서 언제 예상치 못한 질문이 나올까 긴장을 하기도 했지만, 덕분에 겉으로만 하는 소통이 아닌 내면의 깊은 부분까지 나누고 소통할 수 있는 계기기 되었습니다.

앞서 말했지만, 외국 문화에 대한 사대주의가 있었던 저의 잘못된 경험을 되살려, 우리 것에 대한 가치를 제대로 알아보고 싶습니다. 그렇다고 무조건 우리 것이 가장 좋다는 시대착오적인 생각은 가지고 있지 않습니다. 외국의 것과 다른 우리 문화를 제대로 들여다보자는 것이지요.

결국, 이 일을 하는 이유는 한국 술에 대한 가치를 재조명하고, 늘 과음하고 만취하는 한국의 술 문화를 이제는 음미하고 소통하는 문화로 바꿔나가는 데 일조하고 싶기 때문입니다.

또한 지역 술을 통해 우리 농촌과 시골의 숨겨진 가치도 같이 알리고 싶습니다.

짧은 경험이지만 지난 10년 동안 제가 방문했던 양조장, 그곳에서 받은 감동에 대해 김창완 선생님과 같이 나눈 이야기를 글로 엮어봤습니다. 가벼운 역사 이야기부터 양조장을 찾아가서 즐길 수 있는 지역 여행 등 다양한 이야기를 담으려고 노력했습니다. 처음 내는 책이라 많이 부족하지만 이 책을 계기로 독자 분들과 소통할 수 있다면, 저에게는 더없는 영광일 듯합니다.

이 글이 나오기까지 도와주신 김창완 선생님, 지금 아침창을 담당하는 오지영 피디님, 최다은 피디님, 박현주 작가님, 서정선 작가님, 칼럼 집필을 제안해주신 서유남 에디터, 임소민 에디터, 양조장 탐방에 늘 함께 해준 안병수 기자님, 본격 술 팟캐스트 말술남녀 패널인 장희주 기자님, 신혜영 소믈리에, 박정미 사케 칼럼니스트, 문정훈 교수님, 그리고 늘 깊은 지식으로 자문해주시는 박록담 소장님, 김재호 박사님, 허시명 선생님, 류인수 소장님, 이대형 박사님, 이현주 관장님, 김준철 원장님, 400종류의 막걸리를 맛볼 수 있게 도와준 박승용 대표, 그리고 저를 이 자리로 불러준 SBS 윤의준 PD님에게 진심으로 감사의 말씀을 드립니다.

# 차례

· PART 1 ·

## 술에 대해 궁금했던 모든 것

### CHAPTER 1 ★ 술이란 무엇인가

## CHAPTER 2 ★ 술의 역사

• PART 2 •
# 전통주 만나러 가볼까?

### CHAPTER 1 ★ 역사와 인물을 모두 섭렵한 조선 3대 명주

### CHAPTER 2 ★ 종교와 연관 있는 유서 깊은 전통주

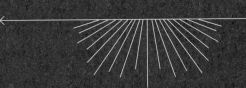

# 술에 대해
# 궁금했던 모든 것

CHAPTER 1

술이란
무엇인가

## 술은 어떻게 만들지?

××× 

사실 술이 빚어지는 원리는 정말 간단하다. 수분과 당분만 있으면 술을 만들 수 있다. 과일을 으깨서 주스를 만들고 가볍게 뚜껑을 덮어놓으면 약 2, 3일만 지나도 기포가 오르는 것을 볼 수 있다. 이때 냄새를 맡아보면 벌써 술 향이 난다. 한 것이라고는 오직 과일을 으깨서 통에 넣은 것뿐인데 어떻게 술 향이 올라오는 걸까? 공기 중에 있는 효모가 당분을 먹고, 알코올을 만들며 이산화탄소($CO_2$)를 부산물로 만들어내기 때문이다. 즉, 효모가 술을 만들기 위해서는 당분, 그리고 수분이 필요하다. 우리가 흔히 마시는 주스는 술이 될 조건을 갖춘 것이다.

그렇다면 곡물이나 쌀로 어떻게 달달한 주스를 만들 수 있을까? 의외로 아주 간단하게 쌀에서 단맛을 끌어낼 수 있다. 입에 넣고 씹으면 된다. 밥을 오래 씹으면 씹을수록 단맛이 느껴지는 걸 누구나 경험해봤을 것이다. 침 속의 아밀라아제가 쌀이나 보리의 전분을 쪼개서 당으로 바꿔주는 역할을 하기 때문이다. 비약적인 표현일 수 있으나 단맛이 도는 순간 쌀 주스가 되는 것이다.

이수광의 《지봉유설》에 따르면 일본의 오키나와 등에서는 이렇게 씹어서 만드는 술이 있었다고 한다. 안데스산맥에 살던 잉카인들 역시 이렇게 옥수수를 씹어서 술을 만들었다는 기록이 있다. 일본 애니메이션 '너의 이름을'을 보면 주인공이 직접 쌀을 씹어서 술을 빚는 장면이 나온다. 이렇게 씹은 술에 천연 효모가 붙으면 자연스럽게 술이 됐다. 일본에서는 이 술을 아리따운 여성이 빚었다고 하여 미인주(美人酒)라고 했다.

하지만 모든 술을 씹어서 만들 수는 없는 노릇이다. 그래서 나온 것이 동양에서는 누룩, 서양에서는 엿기름, 바로 맥아다. 밥과 물을 섞은 뒤 누룩을 넣어주면, 전분이 당분으로 바뀐다. 그리고 누룩에 붙어 있던 효모가 이 당분을 먹고 알코올을 만든다. 전통적인 한국의 누룩은 통밀을 갈아 수분을 넣고, 발로 꾹꾹 누른 후에 15일에서 30일 정도 30도 온도 전후에서 발효를 시켜 만든다. 그러면 우리 침에 있는 아밀라아제, 즉 당화효소가 생겨난다. 결론적으로 쌀로 술을 만들기 위해서는 식혜 같은 쌀 주스로 만들면 되는데, 그 역할을 하는 것이 바로 누룩이다. 누룩은 된장찌개의 된장이며, 김치찌개의 김치라고 할 수 있다. 누룩은 술맛을 좌우하는 가장 중요한 요소이다.

## 술이라는 말은 어디서 왔을까?

××

앞서 설명한 대로 세상의 어떤 술도 알코올 발효를 할 때는 탄산 ($CO_2$)이 나온다. 생막걸리에서 탄산이 올라오는 모습을 떠올리면 된다. 그리고 이 현상을 업계에서는 '술이 끓는다'고 표현한다. 탄산이 부글부글 올라오는 것이 마치 술이 끓는 것처럼 보이기 때문이다.

이렇게 탄산이 나오는 모습에서 온 것이 분명한, 가장 유력한 술의 어원이 있다. 한국어학회 회장을 역임한 천소영 교수가 언급한 내용으로 물속에 불이 있다는 의미, 바로 수불이다. 이 수불이 수불 → 수을 → 수울 → 술로 변천되었다는 것이 가장 유력한 설이다. 물과 불이란 상극의 물질이 만나 술이 된다는 것이 의미심장하다.

○

발효되는 술에 손을 대면 열기가 느껴진다. 알코올 발효시에는 최대 40도까지노 올라간다

술에 대한 또 하나의 어원은, 문화인류학적으로 해석한 육당 최남선의 이야기이다. 고대 인도의 표준 문장어인 범어의 수라(Sura), 헝가리 계열의 웅가르어의 스라(Sra), 투르크족의 언어인 타타르어의 스라(Sra)에서 술이란 단어가 왔다는 것이다. 이 단어는 국물을 뜻하는 일본어 시루(汁)하고도 발음이 유사한데, 이 역시 같은 어원이라고 보고 있다.

즉, 유럽과 아시아를 잇는 발효 음료의 통합 단어라는 인류학적인 해석으로 볼 수 있다. 흥미로운 것은 북방 지역의 여진어로 술은 누러라고 하는데, 이 단어가 우리의 누룩과 비슷하다 결국 뿌리는 하나라고도 볼 수 있다.

조선 말기의 통속어원학자 정교가 쓴 《동언고략 (東言考略)》을 보면, 순박하고 좋은 술맛 순(醇)에서 비롯되거나 손님을 대접하는 수(酬)에서 '술'이 되었다고 본다. 술술 넘어간다고 해서 술이라는 주장도 있지만 이 책의 내용 자체가 워낙 학문적 근거가 떨어지기 때문에 언어학적 가치는 낮다고 학계는 보고 있다. 술이라는 발음상으로만 본다면 1103년 고려에 왔던 송나라 손목(孫穆)이 편찬한 《계림유사(鷄林類事)》라는 견문록에서는 한국의 술을 '수'(酥su ∂)로 발음했다. 명나라 대의 조선어 교재였던 《조선관역어》에는 술을 수본(數本, su-pun)으로 표현하고 있다. 결과적으로 지금과 유사한 발음을 썼던 것을 알 수 있다. 우리 기록으로는 중국 당(唐)나라 두보(杜甫)의 시를 한글로 번역한 시집(詩集)인 《두시언해(杜詩諺解)》와 《삼강행실도(三綱行實圖)》 등에는 '수을'로 기록되어 있으며, 중종 대의 한자 학습서《훈몽자회(訓蒙字會)》등에서는 술로 기록되어 있다.

개인적으로는 '수불'이 가장 설득력이 있다고 생각한다. 이유는 인류가 생각한 술에 대한 어원이 비슷했기 때문이다. 술을 빚는 효모는 영어로 이스트(Yeast), 이스트의 어원은 라틴어로 기스트(gyst)인데 이 역시 '끓는다'는 뜻이다. 발효라는 뜻의 퍼멘테이션(Fermentation) 역시 어원이 피버(Fever)로 '끓는다'는 의미가 있다. 정말로 술은 발효할 때 마치 불로 끓이는 듯, 열이 나며 탄산이 올라온다.

## 세상의 모든 술은 발효주에서 출발

× × ×

세상의 모든 술은 발효주와 증류주로 나뉜다. 그런데 조금만 들여다보면 증류주는 발효주를 증류해 얻는 것이니, 발효주가 있어야만 증류주를 만들 수 있다. 즉, 세상의 모든 술은 발효주에서 시작한다. 그래서 서양에서는 증류주를 발효주의 영혼을 뽑았다고 하여 스피릿(Spirit 또는 Spirits)이라고 표현하며, 한자로는 이렇게 뽑은 술을 주정(酒精), 술의 정신, 마음, 영혼으로 표현한다. 대표적인 발효주는 동양권에서는 막걸리, 동동주, 약주, 청주, 일본의 사케, 중국의 황주, 서양의 맥주, 와인 등을 들 수 있다. 아주 간단히 설명한다면, 막걸리 및 한국의 약주, 청주를 증류하면 안동소주 같은 증류식 소주가 나오며, 사케를 증류하면 일본의 쌀 소주가 된다. 맥주를 증류한 것이 위스키, 와인을 증류하면 브랜디의 원액이 된다. 앞서 설명했듯, 술 발효는 과실이나 곡물, 꿀 같은 당분에 수분만 있으면 무조건 일어난다. 공기 중에 술 발효를 일으키는 효모가 무수히 많기 때문이다. 그래서 발효주는 자연 상태에서만 일어나는 현상이다. 증류주는 발효주의 알코올을 뽑아내는 것으로, 자연 상태에서 저절로 나타나지 않는다. 8세기 전후, 근대 화학의 기틀이 된 이슬람의 연금술 덕분에 증류주를 만들 수 있었다.

## 발효주

발효주의 알코올 도수는 원료가 가진 당도와 비례한다. 포도가 가지고 있는 당분 함량이 높으면 알코올 도수도 높다. 효모가 당분을 먹고 알코올을 만들기 때문이다. 일반적으로 브릭스로 당도를 표시할 때, 20브릭스인 포도는 최대 11.6도의 술까지 만들 수 있으며, 10브릭스라면 5.8도짜리 술밖에 만들지 못한다. 낮은 도수의 술은 맛도 맛이지만, 술 빚기 효율에도 좋지 않다. 특히 알코올 도수가 낮고 산소가 많이 들어가면, 식초를 만드는 초산균이 쉽게 활동할 수 있는 환경으로 변한다. 효모의 먹이는 당분이지만, 초산균은 알코올을 먹는다. 즉, 힘들게 만들어 놓은 술이 바로 식초로 바뀐다는 이야기다. 결국 당도가 높아야 높은 도수의 술이 나오며, 식초가 될 가능성이 적어서 술을 만들기에 적합하다. 인류는 다양한 과실로 술을 만들어 왔다. 포도, 사과, 딸기, 배, 참외, 양파, 우유까지 모두 당분이 들어 있으므로 술의 재료가 될 수 있다. 대표적인 것이 바로 포도. 다른 과일에 비해 당도가 높고 수분이 풍부하다. 그래서 대표적인 과실주가 바로 포도로 만든 와인이다. 하지만, 아무리 당도가 높아도 알코올 도수가 올라가는 데에는 한계가 있다. 자연 상태에서는 알코올 도수가 20도가 넘어가는 것을 허락하지 않는다. 이유는 알코올 도수가 20%가 넘어가면 알코올이 가진 독성 때문에 효모가 죽거나 활동을 멈춰버리기 때문이다. 또한 다른 균들도 살기 어려운 상태가 된다. 그래서 20도가 넘는 술은 산패가 잘 일어나지 않는다. 알코올 도수가 20도를 넘는 제품은 모두 증류를 해서 알코올을 뽑아낸 것들이다. 특히 40도가 넘는 술에는 어떤 균도 살수 없기 때문에 몇십 년을 둬도 썩지 않는다. 위스키나 브랜디를 수십 년 동안 숙성할 수 있는 이유가 바로 여기에 있다. 반대로, 지나치게 당도가 높으면 삼투압으로 인해 효모가 죽거나 분해되는 경우도 있다. 특수한 효모를 제외하고 당도가 35브릭스 이상 되면 삼투압 현상으로 효모의 수분을 빨아들이거나 활동을 저해해, 알코올 발효를 어렵게 한다(물론 높은 당도에서 활동하는 특수 효모도 있다). 당도가 70브릭스나 되는 꿀이 썩지 않는 것, 과일청을 만들 때 설탕을 동량으로 넣는 것 역시 같은 이유이다.

## 증류주

증류주(소주, 고량주, 위스키, 브랜디, 진, 럼 등)는 발효주를 증류해서 얻는 술로, 일반적으로 70도 전후의 알코올을 증류할 수 있다(희석식 소주 등을 만드는 연속식 증류기는 95도 전후로 만들 수 있다). 알코올 도수를 결정하는 건 바로 물의 양이다. 스카치 위스키는 물을 넣어 40도로 맞추는 것이며, 다른 증류주도 마찬가지이다. 보통 고량주가 도수가 높다고 이야기하지만, 고량주 자체가 알코올 도수가 높은 것이 아니라 증류 후 물을 적게 넣어서 알코올 도수가 높은 것뿐이다. 안동소주도, 위스키도 모두 60, 70도로 얼마든지 만들 수 있다. 물만 적게 넣으면 된다.

물론, 발효주에 증류주를 넣으면 알코올 도수는 쉽게 올라간다. 제일 간편하게 만들 수 있는 방법이다. 그런 경우 원재료에 주정이라고 써 있으니 꼭 확인해보자.

## 전통주의 어원

××× 

### 이제, 막 거른 막걸리

곡물로 발효를 해서 가장 처음 만들어지는 술은 막걸리이다. 막걸리는 '거칠게', '마구', 또는 '이제 막' 걸렀다는 말에서 왔다. '이제 막'이란 어원으로 막거리를 설명하자면, 일반적인 막걸리는 발효에서 병입까지 1~2주면 완성이 된다. 가장 신선한 상태에서 마시는 술이며, 원료의 풍미가 가장 잘 살아 있다. 요리로 따지면 샐러드, 치즈로 본다면 우유의 풍미가 물씬 나는 모차렐라 같은 존재가 막걸리이다. 발효를 마치면 알코올 도수 16도 전후의 원액이 나오는

막걸리 짜기. 양촌 양조장

데, 여기에 물을 넣고 알코올 도수를 6~8도 전후로 맞춘다. 흥미로운 것은 약주, 청주, 그리고 소주까지 모두 이 막걸리가 원천이라는 것. 그래서 어머니와 같은 술, 모태가 되는 술이 바로 막걸리이다.

### 약이 될 만큼 귀하다는 약주

같은 태생이지만 서로 상당히 다른 술이 있다. 막걸리와 약주, 그리고 청주다. 막걸리를 빚은 후, 맑은 부분만 떠서 100일 전후로 숙성을 시키면 약주, 또는 청주가 된다. 약주란 어원은 약이 될 만큼 귀하다는 뜻과, 조선시대 금주령이 발포되었을 때, 술을 약으로 섭취하는 것은 허용되었기에 술 자체를 약주라고 불렀디는 이야기가

경남 함양의 약주 솔송주.
약주는 한국의 청주라는 의미도 내포한다

전해진다. 또 하나는 조선 중기 서소문 밖 약현(藥峴, 지금의 중림동)이란 마을에 눈먼 어머니와 아들 서성(1558~1631)이란 인물이 살았는데, 어머니가 빚은 청주가 무척 맛있었다. 서성은 선조 19년에 29세의 나이로 별시 문과에 급제했는데, 서성의 동네가 약초를 많이 재배하던 약현(藥峴)이었고, 서성의 호가 약봉(藥峯)이었다. 약봉 서성은 임진왜란과 이괄의 난, 정묘호란 때에도 왕을 모시며 벼슬은 병조판서까지 올랐는데, 그가 유명해지자 어머니의 음식 솜씨도 알려져 그때 빚었던 청주는 약주(藥酒)로, 찰밥은 약밥으로, 유밀과는 약과(藥果)로 불리게 되었다고 한다. 약재가 들어가지 않아도, 또는 그냥 청주를 약주로 부르기도 했다는 걸 보여주는 일화다.

## 불로 뽑아낸 술의 영혼, 증류식 소주(燒酒)

약주나 탁주를 증류하면 우리가 흔히 말하는 소주가 된다. 술을 증류한다는 것은 끓는점의 차이를 이용해 물과 섞여 있는 알코올을 분리 또는 뽑아내는 과정이다. 물은 모두가 알듯이 끓는점이 100

도, 그런데 알코올은 78도 정도다. 약주나 탁주를 끓이면 당연히 끓는점이 낮은 알코올이 먼저 기체가 돼서 올라온다. 이 기체가 차가운 것과 만나면 다시 액체가 되는데, 이것이 바로 구운 술, 소주다. 서양에서는 술의 영혼만 뽑아냈다고 해서 증류주를 술의 영혼 스피릿(spirits)이라고 표현한다. 증류를 막 시작했을 때는 순도 높은 알코올 중심으로 올라오다가, 나중에 온도가 높아지면 물도 기체가 되어 같이 올라오기 때문에 100%

소줏고리. 출처 담양 추성고을. 솥안에 탁주나 청주를 넣고 끓이면 알코올이 먼저 기체가 돼서 올라오고, 그것을 다시 낮은 온도로 액화시키는 기구다. 그래서 가장 위에는 찬물을 넣어 기체가 된 알코올을 액체로 만든다

알코올만 나오는 경우는 거의 없다. 최종적으로 위스키 류는 보통 70도 전후, 소주는 60~70도 정도가 일반적인 증류 원액 도수다. 이후 물을 넣어 도수를 맞춘다. 참고로 우리가 보통 마시는 초록색 병의 희석식 소주는 스타일이 좀 다르다. 희석식 소주와 증류식 소주의 차이는 뒤에서 다시 한번 설명하겠다.

# 세계 여러 나라의 술

× × ×

## 오직 쌀로만 빚는 심플의 미학, 사케

일본식 청주 사케의 정의는 간단하다. 오직 쌀로만 빚은 발효주다.
사케는 심플의 미학을 추구하는 술로 주원료도 쌀, 누룩(こうじ)의
원료도 쌀이다. 한국의 전통주와는 누룩의 원료 및 발효 방식이 다
르다. 일본에서는 약 1,500여 개의 양조장에서 2만여 종의 사케를
만들고 있다. 사케용 쌀(주조호적미)이 일반미보다 비싸며, 고베(나다
고고), 교토(후시미), 니가타 등이 주산지로 유명하다.

○

니가타 사케(日本酒) 고시노간바이(越乃寒梅)

## 가장 다양한 브랜드를 가진 술, 와인

와인은 가장 다양한 브랜드를 가진 술이다. 전 세계에 수십만 개의 브랜드가 있다고 전해지며, 한해 새롭게 출시되는 와인만 수만 종이다. 와인의 어원은 라틴어 '비넘(vinum)'으로 포도로 만든 술이라는 뜻이다. 대체적으로 포도로 빚은 술을 뜻하지만, 다양한 과실로 빚은 발효주를 와인이라고 칭하기도 한다. 일반적으로 그 시작은 중동으로 보지만 이후 그리스, 로마 시대에 본격적으로 발달했다. 포도 자체의 수분 함량이 높아 다른 술과 달리 추가로 물을 넣을 필요가 없으며, 포도 품종, 지역, 숙성 방법 등에 따라서도 맛이 달라, 가장 세분화된 술이기도 하다. 프랑스에서는 뱅, 이탈리아어와 스페인어로는 비노 (vino)로 불리며 와인(wine)은 영어식 표기다.

## 서양의 막걸리, 맥주

맥주는 유럽에서 가장 오래된 곡주 중 하나로, 그 시작은 중동, 그리고 이집트라고 본다. 수메르인의 술 빚는 레시피에 따르면 빵을 물에 넣었다는 기록이 있으며, 이집트의 벽화를 보면 제빵을 하는 사람들 옆에 맥주를 빚는 모습이 그려져 있다. 그래서 맥주 양조장과 빵집을 같이 운영한 것으로 해석한다. 과거 유럽에서는 우리의 막걸리 같은 대중적인 술로 통했는데, 맥주의 정체성을 확실히 세운 것은 바로 홉이였다. 당시 양조업자들은 맥주에 홉 대신 구르트라는 다양한 허브 혼합물을 넣었는데, 종종 중독성이 있거나 향정신성 물질을 넣는 업자들이 있어, 사회적으로 문제가 되는 경우가

근대 유럽의 증류기. 원리는 한국의 소줏고리와 동일하다.

많았다. 이에 독일(바이에른 공국)에서는 더 이상 구르트를 쓰지 말고 홉을 써서 만들라는 세계 최초의 식품법 라인하이츠거보트(Reinheitsgebot), 우리말로 '맥주 순수령'을 발포하면서, 맥주에 대한 본격적인 레시피(보리, 맥아, 홉)가 유럽에 정착을 하게 된다. 현재 전 세계 술 시장의 70% 가까이 차지하고 있는 대중적인 술이다.

## 이슬람에서 가져온 증류 기술, 약술로 쓰인 위스키

간단히 말하면 맥주(보리 등으로 발효한 술)를 증류한 것이 위스키의 시초라고 할 수 있다. 증류 기술은 일반적으로 8세기경 이슬람의 연금술과 함께 발달하기 시작했는데, 유럽에는 십자군 전쟁 때, 수도원의 수사들이 이슬람의 연금술사에게 배워온 것으로 보고 있다. 어원은 켈트어로 생명의 물이라는 뜻의 우스게바(uisce beatha)이다. 유럽에 흑사병이 유행할 때 증류주가 약용으로 쓰였던 때부터다. 18세기 스코틀랜드에서 밀주를 빚던 술 장인들이 이동용 오크통에 위스키를 담아 숨겨놓았는데, 이후에 맛을 보니 너무 좋아서 위스키에 숙성 과정이 도입되기 시작하였다. 결국 위스키 숙성의 역사도 오래된 전통은 아니다. 우연한 발견으로 시작된 근대 이후의 기술이라고 보는 것이 맞다.

## 브랜디의 어원은 소주?

과실로 빚은 와인 등을 증류한 술을 브랜디라고 칭한다. 브랜디의 어원은 네덜란드어 브란데 바인(Brande-Wijn)으로 구운 술이란 뜻으로 영국으로 수출되면서 브랜디 와인이 되었으며, 이후 줄여서 브랜디로 불렸다. 가장 대표적인 술은 코냑이다. 프랑스 보르도 지방에서 살짝 북쪽에 있는 코냐크 지방에서 자란 포도로 만든 브랜디이다. 브랜디를 구운 술이라는 어원으로 본다면 와인을 증류한 술뿐만이 아닌, 위스키, 보드카, 진, 테킬라, 중국의 백주까지 세상의 모든 증류주를 아우르는 의미를 가진다. 우리의 소주도 구울 소(燒), 술 주(酒)를 쓴다. 결국 브랜디와 소주는 같은 뜻이다.

## 우리의 소주와 가장 비슷한 술, 보드카

보드카는 감자, 쌀, 보리 같은 작물로 만든 발효주를 증류한 술을 말한다. 증류 횟수가 많고, 활성탄 여과 등 여과 과정이 많아 깨끗한 맛의 무색무취를 추구하지만 최근에는 다양한 증류기술을 도입, 맛에 다채로움을 추구하고 있다. 보드카 벨트라 불리는 러시아, 스웨덴, 노르웨이, 핀란드, 우크라이나, 벨라루스, 폴란드 등이 원조 국가라고 보는 것이 맞다. 러시아에서는 볼셰비키 혁명으로 소련이 세워지는 과정에서 외국으로 피난한 사람들에 의해 널리 퍼졌다고

전해진다. 저렴한 보드카는 한국의 희석식 소주와 가장 가까운 술
인데, 일반적으로 보드카에는 감미료가 들어가지 않는다는 점이다.
러시아 사람들은 감미료가 들어간 한국의 희석식 소주 맛이 너무
달다고 표현한다. 보통 감자로 만든 보드카는 냄새가 심하고 밀, 호
밀, 포도 등으로 만든 보드카가 고급으로 보는 경우가 많다. 최근에
프리미엄 제품 등이 많이 등장해서 다양한 향과 목넘김을 즐길 수
있는 보드카도 늘어나고 있다. 보드카의 어원은 어원은 '지즈데냐
보다'(Жизденя вода)로 생명의 물이란 뜻으로 결국, 위스키의 우
스게바(Usquebaugh), 프랑스 브랜디의 오드비(Eau de Vie)와 모두 같
은 뜻이다. 결국 유럽에서의 증류주는 모두 생명의 물이란 어원이
시작이라고 볼 수 있다.

### 주정강화술(酒精强化酒)

발효주와 증류주를 섞은 술이다. 스페인의 셰리 와인, 포르투갈의
포트 와인, 그리고 일본의 하시라 쇼추, 그리고 한국의 과하주가 대
표적인 주정강화술이다. 모두 이동 및 저장성을 좋게 하기 위해 도
수 높은 브랜디, 또는 소주를 넣었고, 그로 인해 일반적인 발효주보
다 알코올 도수가 높다.

### 혼성주(混成酒)

발효주 및 증류주에 식물의 꽃, 잎, 뿌리, 과일, 껍질을 담가 식물
의 향미, 맛, 색깔을 침출시키고 다시 당, 색소를 넣어 만든 술이

다. 일반적인 칵테일 등이 이에 해당되는 경우가 많고, 소위 리큐르(liqueur)라고 불리는 술들도 혼성주 중 하나인데 리큐르(Liquer)란 뜻은 라틴어로 '녹는다'는 뜻을 가진 리커패세레(Liquefacere)에서 시작한다. 술에 약재나 허브가 녹아 있다는 뜻으로 우리의 약주와 비슷한 뜻으로 의미이기도 하다.

| 종류 | 구분 | 주원료 | 누룩원료 | 물첨가 | 비고 |
|---|---|---|---|---|---|
| 막걸리 | 발효주 | 쌀, 밀, 수수, 조 등 | 밀, 쌀 등 | O | 고두밥, 떡, 죽으로도 빚음 |
| 약주(청주) | 발효주 | 쌀, 밀, 수수, 조 등 | 밀, 쌀 등 | O | 탁주의 맑은 부분이 청주 |
| 전통소주 | 증류주 | 쌀, 밀, 수수, 조 등 | 밀, 쌀 등 | O | 발효주(탁약주, 청주)를 증류한 것이 전통소주. |
| 사케(일본청주) | 발효주 | 쌀 | 쌀 | O | 일본 청주를 증류하면 일본 쌀 소주 |
| 맥주 | 발효주 | 보리, 밀, 맥아, 홉 등 | 맥아가 누룩역할 | O | 크래프트 맥주에는 다양한 부재료가 들어간다 |
| 위스키 | 증류주 | 보리, 맥아, 옥수수 등 | - | O | 보리 등으로 빚은 술로 증류하면 위스키의 원액 |
| 와인 | 발효주 | 포도 등 과실 | - | × | 포도의 수분으로 충분함 |
| 브랜디 | 증류주 | 포도 | - | O | 와인(포도 등 과실주)을 증류하면 브랜디 |

○
**술 구분 표**

와인에 물을 넣지 않는 이유는 포도 자체의 수분만으로 충분하기 때문이기도 하지만, 유럽의 물이 석회질이 많은 경수가 대부분이라 오히려 발효를 방해하거나 나쁜 향미의 원인이 되기 때문이다. 요리를 할 때도 마찬가지로, 유럽에서는 밥 대신 빵, 물 대신 우유, 국 대신 와인을 마신다고 해석하기도 한다. 유럽에 비하면 우리나라는 비교적 연수 지역이어서 밥, 국, 찌개, 차, 그리고 술에도 물을 적극적으로 쓰는 것이다.

참고로 고급 증류주는 물이 아니라 낮은 도수의 증류주와 높은 도수의 증류주를 블렌딩하여 도수를 맞추기도 한다. 보드카 및 희석식 소주 등은 발효시키는 원료가 100% 확정되어 있지 않다. 그때마다 나는 잉여 농산물을 많이 사용하기에 그것을 가지고 발효주를 만늘어 판매하지 않는 것이다. 따라서 이 표에는 넣지 않았다.

* CHAPTER 2 *

술의
역사

## 삼국시대의 술 문화

××× 

우리 문헌에 최초로 술이 등장한 것은 고려 말 1287년(충렬 13)에 이 승휴가 쓴 《제왕운기 (帝王韻紀)》다. 《제왕운기》는 중국과 한국의 역 사를 담은 서사시로 단군 조선, 위만 조선 및 3국시대, 후삼국의 내 용 등이 기술되어 있다. 《제왕운기》에 술이 언급되는 부분은 '하백 의 딸 유화가 해모수의 꾀에 속아 술에 만취된 후 해모수의 아이를 잉태하였는데, 그가 주몽이라는 이야기'이다.

### 하룻밤 만에 술을 빚었던 고구려인

명나라 시대의 소설인 나관중의 《삼국지연의》가 아닌, 정서 《삼국 지 위지 동이전》에 보면 고구려의 술 빚기를 살짝 엿볼 수 있다. 바 로 고구려인은 자희자양(自喜自釀)한다는 기록으로, 스스로 기뻐하며 스스로 술을 빚는다는 내용이다. 세계 최고(最古)의 농업서적인 중국의 《제민요술》을 보면 '여름철 황혼녘에 술을 빚어 새벽 닭이. 울면 먹는다'고 하루 만에 빚어 마신다는 '하계명주(夏鷄鳴酒)'라는 술이 언급되기도 한다. 여름에는 온도가 높아 발효가 빨리 되는데, 발효가 빨라지면 비교적 알코올 도수도 높게 나온다. 따라서 술을 빚을 때는 같은 알코올 도수라도 여름에는 조금 빨리 완성되며, 겨울에는 좀 더 시간이 걸린다. 계명주는 지금으로 이야기하면 하루 만에 빚어지는 거의 즉석 술 같은 개념이었다.

계명주는 고구려만의 술은 아니었다. 고려시대 송나라 사신이 쓴 《고려도경》을 보면 고려인은 계명주를 잔치 술로 쓴다는 내용이 있으며, 허준의 《동의보감》에도 등장하는 술이다. 계명주는 이 술의 기능인이었던 결성 장 씨 가문의 종손 며느리가 북에서 월남해 기술을 전수했고, 현재 장 씨 가의 며느리인 최옥근 씨가 2005년도에 경기도 무형문화재 계명주 기능인으로 선정이 되어 명맥을 유지하고 있다.

## 신라인은 막걸리 누보를 마셨다?

2010년 한창 막걸리가 유행을 할 때, '막걸리 누보'라는 술이 이목을 끌었다. 이른바 햅쌀로 빚은 막걸리로, 보졸레 누보를 본따 만든 이름이다.

보졸레 누보(Beaujolais Nouveau)란 프랑스 브루고뉴 지역의 보졸레(Beaujolais)에 새롭다는 뜻의 누보(Nouveau)를 합친 말이다. 새로운 보졸레란 뜻인데 한마디로 보졸레 지역의 햇포도로 만든 햇 와인이다. 우리 식으로 말하자면 햅쌀 술이다. 우리의 햅쌀술 이름은 새로울 신(新), 벼 도(稻), 그리고 술 주(酒)를 써서 신도주(新稻酒) 라고 불렀다. 수확의 기쁨을 맛보는 시절, 추석에 빚어 마신 술이다.

추석의 유래는《삼국사기》에 기록되어 있다. 신라 제3대 왕 유리 이사금 때다.

> 음력 7월 16일에 유리 이사금이 신라 6부의 여자들을 두 패로 나누고 두 왕녀로 하여금 이들을 거느리며 매일 아침 일찍 넓은 뜰에 모여 길쌈을 하도록 하였다. 8월 보름에 이르러 그 성적을 따져 지는 편이 술과 음식(酒食)을 마련하게 하고 서로 노래 부르고 춤추게 하였는데, 이를 가배(嘉俳)라 했다.

가배는 한가위를 뜻한다. 1849년 조선 후기 실학자 홍석모는 절기별 행사와 풍속을 기록한《동국세시기》에서 한가위의 풍속으로 '술집에서는 햅쌀로 술을 빚어 판다'는 기록을 한다. 1837년경에 쓰여진 저자 미상의 술 레시피《양주방》에는 재료는 햅쌀과 햇누룩, 밀가루와 끓인 물로 신도주를 빚는 방법이 기록되어 있다. 추석 때는 신라뿐만이 아니라 모든 지역에서 햅쌀로 술을 빚어 마셨음을 알 수 있다.

## 한국의 법주는 어디서 온 말?

법주(法酒)라는 술은 명칭 그대로 법대로, 매뉴얼대로 빚었다는 뜻이다. 원래 법(法)이란 글자에는 여러 가지 뜻이 있는데 그중 하나가 '궁중에서 쓰이는 것'이라는 뜻이다. 임금이 백관의 조하를 받는 정전을 법전(法殿)이라고 했고, 궁정에서 정재가 춤을 추는 춤을 법무(法舞)라고 하였다. 또 임금이 신하에게 내주는 술을 법온(法醞)이라고 불렀으니 법주는 법온을 사가에서 빚은 것이라 보는 것이 타당할 것이다. 또 하나는 불교에서 쓰는 술의 이름이라는 뜻이다.《서유기》에서 나온 것을 보면 불교에서 썼던 것은 확실했고, 고려의 경우 불교국가였던 만큼 법주가 왕실의 술을 나타내는 뜻일 수도 있다. 법당, 법사, 법문 등 불교에서는 이 법이란 단어를 무척 많이 쓴다.《서유기》에 등장했다는 것도 결국 삼장법사와 관련이 있고, 고려시대에는 아예 불교를 국교로 받아들인 만큼 법주라는 말이 더욱 많이 쓰였을 가능성도 있다.

## 일본 사케의 신은 삼국시대 건너간 울진 출신의 인물?

일본은 특히 종교적으로 다문화 국가다. 흔히 하는 말로 새해에는 신사에 가서 첫날(初詣)을 보내고, 결혼식은 목사를 불러 예배당에서, 장례는 스님이 진행한다. 어떻게 보면 가장 좋은 것을 자신들의 실정에 맞게 받아들였다고 할까? 이런 와중에 그들의 문화 속에 철저하게 지켜지는 것이 있으니 바로 다신교 문화다. 일본에는 야오요로즈(八百万)란 800만의 신이 있다고 전해진다. 이런 일본 문화를

○
일본 중요문화재 교토 마쓰오타이샤(松尾大社)에 있는 사케통

한눈에 볼 수 있는 영화가 바로 애니메이션 '센과 치히로의 행방불명'이다. 여러 신들이 목욕하는 온천 장면은 이러한 다신교의 문화를 잘 보여준다. 맥주로 유명한 에비스는 복의 신을 상품화시킨 것이다.

이렇게 다양한 신이 있는 만큼, 일본식 청주, 사케의 신도 있다. 정확히 이야기하면 사케를 빚는 신이다. 그런데 급이 좀 다르다. 이 사케의 신을 모신 사당은 일본에서 가장 오래된 신사 가운데 하나로 일본의 중요문화재로 등록되어 있다. 교토에 있는 마쓰오타이샤(松尾大社)가 그 주인공이다. 그럼 이 사당의 주인공은 누구일까? 일본의 기록에 따르면 술의 신이 된 이 일족은 한반도에서 건너왔다고 한다. 한자로 보면 진 씨(秦氏) 일가. 일본 발음으로는 하타 씨다. 그래서 이들을 모신 사당에는 술 빚는 양조도구와 다양한 축제도

각 양조장에 있는 사케의 신 제단. 한반도에서 온 하타 가문에 대한 제단이다

같이 진행된다.

　일본의 사케 양조장에 가면 늘 볼 수 있는 위패가 있다. 이들은 이 위패에 늘 기도를 하며, 술을 잘 빚게 해달라고 한다. 바로 이 위패의 주인공이 바로 하타 씨(秦氏)다. 《일본서기(日本書紀)》에 따르면 이 일가는 서기 283년 백제 120현의 사람을 데리고 일본에 왔으며 백제인 궁월군(弓月君)을 선조로 한다. 하지만 삼한 중 하나인 진한, 그리고 신라에서 왔다는 기록도 있다. 확실한 것은 이 하타 씨(秦氏) 일족이 가진 양조 기술이 특별했고, 신에게 바치는 술을 전담했다는 것이다. 그런데, 이들의 한반도 어느 곳 출신인가에 대한 기록이 없다. 백제, 진한, 신라라고만 되어 있고 일본으로 온 연대도 제각각이다. 그런데 단서가 하나 발견된다. 바로 울진 죽변항에서 나온 봉평 신라비이다.

　1988년 울진 죽변항 근처에서 발견된 봉평 신라비에 울진의 옛 이름으로 보이는 기록이 나와 있다. 이 지역은 원래 신라의 법흥왕의 명을 받은 이사부가 당시 창해삼국(滄海三國)이라 불린 예국(穢國 현 강릉), 실직국(悉直國 현 삼척), 울진을 신라의 땅으로 복속시킨 곳이다. 그리고 이 울진의 옛 지명으로 보이는 내용이 이 비석에 나와있는데 바로 파단(波旦), 일본 발음으로는 하단, 하타이다. 이를 근거로 일본의 하타 씨 일가가 일본에 가서 자신들의 나라명 파단을 성으로 쓰고 있다는 학설이 나온다.

이러한 배경으로 2009년도에 발간된 《수수께끼의 도래인 하타씨(謎の渡来人 秦氏)》란 서적에는 역시 하타 씨 일족이 울진 출신이라는 가능성을 언급해놨다. 이들이 자신의 뿌리를 지키기 위해 이런 이름을 썼을 것이라 유추할 수 있다. 일본에서는 1988년 봉평 신라비를 확인하려 하타 씨 가문 사람이 울진을 방문하기도 했다. 결국, 일본 사케의 신은 신라가 복속시킨 파단(波旦)이란 국가, 울진, 삼척

출처 │ 울진군청

○
봉평신라비

출신일 가능성이 생긴 것이다. 참고로 파단(波旦)은 지명이 아니라 관등명(官等名)이란 학자들의 주장도 있어, 학계의 논쟁은 계속될 것으로 보인다.

### 백제인 수수보리, 술로 일본 응신천황을 홀리다

하타 가문보다 국내에서는 더 정설로 받아들이는 것이 일본 최고(最古) 역사서 《고사기(古事記)》에 등장하는 우리 이름 인번(仁番), 일본 이름 수수보리(須須保利) 혹은 수수허리(須須許理)라고 불린 백제인이다. 《고사기》의 내용은 다음과 같다.

수수보리가 빚는 향기로운 술에 나는 취해 버렸네.
무사 평안한 술 웃음을 자아내게 하는 술에 나는 취해버렸네.

수수보리는 573년에 세워진 중요문화재 사가신사(佐牙神社)에서 술의 신으로 모시고 있으며, 일본에서도 이 사가신사를 일본 사케의 발상지와 깊은 연관이 있다고 인정하고 있다. 아쉽게도 당시의 술이 어떻게 만들어졌는지, 상세한 레시피는 남아 있지 않다. 일본은 그 이후로 술의 가치를 계속 키워가는데, 가마쿠라(鎌倉)시대(1185년~1333년)에는 쌀과 동등한 경제가치를 가질 정도로 부가가치가 커지게 되며, 조선 중후기 때인 에도(江戸)시대에는 양조장 문화가 꽃피게 된다. 이렇게 많은 영향을 남겨서인지, 현재 일본 내 수수보리(須須保利)란 단어는 일본 남부지방에서 술의 근본인 누룩과 곡물, 콩, 현미 식초를 넣어 만든 일본 최고(最古) 절임음식(漬物)의 이름으로도 쓰이고 있다. 참고로 일본 사케의 어원은 이 사가신사의 '사가'에서 왔다는 주장이 있으며, 수수보리는 혼자가 아닌 형제, 또는 남매라고도 전해진다. 이유는 이 사가신사에서 모시는 술의 신이 남성과 여성이기 때문이다.

하타 씨 일가가 일본에 진짜 술을 전래해줬든, 아니면 수수보리가 더 큰 역할을 했든, 한반도 출신이 사케의 신이 되었다는 부분은 내심 우쭐해지는 일이다. 하지만 남겨진 술 문화를 보면 기록에만 있을 뿐, 술 빚는 방식이나 생활에서 흔적을 찾기는 거의 힘들다. 이런 역사적 사실로 문화적 우월감을 가지는 것은 바람직하지 않다고 생각한다.

2000년 전, 한반도에서 일본으로 건너가 사케의 신이 된 하타 씨(秦氏) 일가와 수수보리, 그리고 그것을 1000년이 넘게 지키고 있는 일본. 그들은 왜 그 긴 시간 동안 이 문화를 지켜왔을까? 본래 술이 가졌던 가치가 특별했기 때문은 아닐까? 숙성을 통해 세월을 이어주고, 신과 사람을 이어주고 지역의 농산물과, 문화적 가치를 내포하고 있는 술, 한국 술 문화의 본질을 찾아야 하는 이유는, 바로 술이 이러한 역사적 사실과 문화적 가치를 품고 있기 때문이다.

# 고려시대의 술 문화

× × ×

흥미롭게도 삼국시대에는 주종에 대한 내용을 문헌에서 찾을 수 없다. 즉, 탁주, 약청주, 소주등, 지금 우리가 자주 접하는 주종에 대한 언급은 고려시대부터 발견된다.

술이 세분화되어 궁중에는 아예 술을 관청하는 양온서(사온서)가 설치되었고, 국교가 불교였던 만큼 사찰에는 규제가 적어, 숙박업을 겸하여 술을 빚어 팔기도 했다. 유럽의 수도원에서 숙박업과 맥주와 와인을 만들었던 것과 유사하다고 볼 수 있다.

한국의 애환과 슬픔을 담았다는 소주도 고려시대부터 등장한다. 여몽 연합군이 주둔한 곳, 그들의 병참기지인 안동, 개경, 제주도 등이 대표적인 소주의 발상지이다. 즉, 안동소주의 시작은 몽골의 병참기지*부터였다. 물론 그 소주는 지금과 같은 서민의 술이 아니었다. 막걸리 10병이 있어야 소주 한 병을 만들 수 있었으니 지금으로 치자면 발렌타인 30년 같은 최고급 술이었다.

### 떠먹는 술 이화주의 등장

한국 술의 특징은 계절의 특징을 담고 있다는 것이다. 그중에서도

---

* 몽골군의 병참기지 : 몽골군은 일본을 정벌하기 위해, 안동, 제주, 개경에 병참기지를 만든다. 가장 큰 목적은 현해탄을 건널 배를 만들기 위함. 여몽연합군이란 이름으로 고려, 1차, 2차에 걸쳐 정벌이 진행되지만, 결국 태풍 때문에 배가 모두 침몰해버린다. 일본에서는 이것을 신이 도와준 바람이라고 해서 신풍(神風), 가미카제라 했으며, 훗날 2차 세계대전 자살 특공대의 이름으로 불린다

유명한 봄 술이 하나 있는데, 바로 이화주이다. 이화주란 이름은 배꽃 술. 배꽃이 필 무렵 빚은 술, 또는 술의 색이 새하얀 배꽃과 같다고 붙은 이름이다.

이화주가 등장한 것은 고려시대로 여겨진다. 당대 최고의 문장가이자 애주가인 이규보의 《동국이상국집》에 이화주란 내용이 나온다. 빛깔이 희고 죽처럼 떠먹기도 하며, 더운 계절에는 찬물에 타서 마시는 등 다양한 방법으로 마시는 술이었다. 이화주가 일반 가양주와 달랐던 점은 쌀 누룩으로 빚었다는 것이다. 이화곡이라는 새알 같은 팬시한 형태로 만들었다. 누룩 외의 주 원료 역시 구멍떡, 설기떡 등의 떡으로 빚었다. 쌀로만 빚은 이화주는 배꽃같이 하얀 빛깔을 가지게 되었고, 떡으로 빚은 만큼 요구르트 같은 부드러운 식감을 가지고 있다.

이화주 레시피는 조선시대 문헌에 자세하게 나와 있다. 1450년

이화주의 재료 구멍떡

경에 쓰여진 《산가요록》부터 《규곤시의방》, 《요록》, 《주방문》, 《산림경제》, 《임원경제지》 등 다양한 문헌에서 볼 수 있는데, 이렇게 많은 문헌에 기록으로 남아 있는 것과 쌀이라는 고급 곡물만을 사용한 것을 봤을 때, 당시의 특권층인 사대부나 부유층이 즐겼을 것으로 보인다. 문헌상에는 선조들이 비 오는 날에 특별히 막걸리를 즐겼다는 기록은 없지만, 더워지기 시작하는 늦은 봄부터는 특별한 탁주를 빚어 시원하고 새콤하게 즐겨왔던 것이다. 바로 떠먹기도 하고, 찬물에 타서 알코올 도수를 낮춰 먹기도 했을 것이다.

이화주는 영주지방의 무안 박 씨 가문과 안동지방의 안동 김씨, 문화 류 씨 가문에서 많이 빚었다고 한다. 특히 이 술은 나이 많은 노인과 갓 젖을 뗀 어린아이들의 간식으로 곧잘 이용되었고, 부유층이나 사대부가에서는 출가할 자녀의 사돈댁 인사 음식으로 보내는 풍습이 있었다.

직접 만들어보면 이화주가 왜 귀한 술인지 알 수 있다. 일단 쌀을 곱게 갈아야 하며, 손으로 하나하나 떡을 빚어야 한다. 누룩도 손으로 꼭꼭 눌러 새알처럼 만들어야 하는데, 물을 아주 적게 넣어 반죽이 뻑뻑해서 만들기가 매우 힘들다.

ㅇ
이화주

다양한 우리술 교육기관에서 직접 만들어볼 수 있으며, 양조장 용인술샘에서 만들어 판매하고 있다.

### 한국 소주의 시작은 제주도?

우리나라 최초의 백과사전이었던 《지봉유설(芝峯類說)》에는 우리나라 소주 제조의 유래가 나와 있는데, 이에 따르면 고려 시대 몽골 간섭기에 시작되었다고 한다.

그렇다면 어느 지역이 당시 몽골의 영향을 가장 많이 받았을까? 소주 기술은 몽골의 병참기지가 있던 안동, 개경 그리고 제주도를 중심으로 전해졌다. 그리고 몽골이 행정부를 설치한 곳은 평양의 동녕총관부, 함경남도 영흥의 쌍성총관부, 그리고 제주에 탐라총관부, 세 곳이다.

병참기지와 총관부 두 곳 다 해당되는 곳이 바로 제주도이다. 몽골의 탐라총관부는 향후 그 이름을 바꾸지만, 몽골에 조공으로 바칠 말을 직접 목호(牧胡)라는 몽골인이 와서 사육을 했고, 제주도에 토착화되면서 그 수는 1,700명에 달했다고 한다. 공민왕의 반원정책이 시행되고, 최영이 이들의 난을 평정하기 전인 약 100년간 실질적인 몽골의 강력한 영향 아래 있었던 것이 제주도이다. 그래서, 한국 소주는 제주도에서 시작했다고 말할 수 있다.

### 제주도의 식혜 겸 막걸리, 쉰다리

제주도에는 쉰다리라는 아주 낮은 도수의 술이 있다. 식혜 겸 막걸리

제주샘주에서 쉰다리 만드는 모습

같은 술인데, 식혜나 막걸리나 둘 다 곡물의 전분이 엿기름이나 누룩을 통해 당화라는 과정을 거쳐야 한다. 여기서 효모가 당분을 먹으며 알코올 발효가 진행되면 막걸리가 되고, 온도를 40~50도로 높여 효모가 살지 못하는 조건에서 발효되면 단맛만 남는 식혜가 된다.

제주도의 쉰다리는 쌀밥이나 보리밥에 물과 함께 잘게 부순 누룩을 넣고 버무려 만든다. 여름에는 2, 3일, 겨울에는 5, 6일이 지나면 특유의 맛이 나는 술이 되는데, 이것의 어원이 몽골어라는 주장이 있다. 슌타리(Shuntari), 몽골어로는 우유, 요구르트를 뜻한다. 살짝 쉰 밥도 이렇게 발효시켜 먹기에 순해서 쉰다리만은 아니었던 듯하다.

제주도의 물항아리 물허벅. 허벅은 허버라는 몽골어 바가지가 기원이다

## 제주도의 독특한 술, 오메기술과 고소리술

제주도의 대표적인 토속 술이라면 역시 오메기술과 고소리술을 들수 있다. 둘 다 제주 무형문화재로 지정되어 있는데, 오메기란 좁쌀의 제주도 방언으로 좁쌀, 오메기떡은 좁쌀떡이란 뜻이다. 즉 오메기술은 좁쌀로 빚은 술을 말한다.

소주 증류기(소줏고리)를 제주도 방언으로 고소리라고 하는데, 술독에 묻어둔 오메기술을 솥에 넣어 소줏고리(제주도 말 고소리)로 내린 것을 고소리술이라 부르는 것이다. 오메기술은 발효주인 만큼 알코올 도수가 6~13도, 고소리술은 증류 방식으로 만들어 40도가 넘는 고도주이다.

제주에서도 대몽항쟁의 상징 같은 곳은 애월읍이다. 삼별초가 최후까지 항전한 항파두리 항몽 유적지부터, 100년의 세월을 지나 최영 장군이 최후의 몽골 세력인 목호의 난을 제압한 새별오름까지 모두 이곳에 있다. 애월은 제주를 몽골에게 빼앗긴 현장이면서 고려에 다시 귀속하게 한 역사의 현장인 것이다. 그리고 이곳에서 제주도 전통소주가 다시 만들어지고 있다.

## 안동소주가 유명한 진짜 이유는?

전통주란 무엇일까? 어떤 술이 전통주이고 어떤 술은 전통주가 아닐까? 전통적인 방법으로 만들었다는 뜻일 텐데, 막걸리는 다 포함되는 것인지, 하다못해 우리가 가장 흔하게 접하는 초록색 병 소주는 전통주인지 아닌지, 정확한 기준을 모르니 헷갈리기 마련이다. 하지만 누구나 확실하게 전통주로 알고 있는 술이 있다. 바로 안동소주, 설사 마셔보지 않았어도 이름은 한번쯤 들어봤을 만큼 유명한 술이다. 안동소주는 어떤 연유로 이렇게 유명해졌을까?

소주는 몽골 간섭기 고려에 병참기지를 세우면서 들어왔다는 이야기는 앞서 언급했다. 하지만 단순히 몽골군이 주둔한 것만으로는 소주 문화가 확장될 수 없었다. 지금으로 따지면 막걸리 10병, 약주 5병을 증류해야 고작 한 병밖에 안 나오는 최고급 술이었기 때문이다. 한마디로 아주 부유한 집안이 아니면 쉽게 만들 수 없는 고급품이었다. 결국 세도가에서나 마실 수 있는 술이었던 셈이다.

고려 말 공민왕 시기에 안동이 크게 부각되는 사건이 벌어진다. 홍건적의 침입으로 공민왕이 안동으로 몽진을 한 것이다. 그러자 안동의 세력들이 힘을 합쳐 공민왕을 지키고, 결국 홍건적을 물리

치며 왕은 개경으로 무사히 돌아갈 수 있었다. 이에 공민왕은 안동에 대도호부(大都護府)라는 '국가의 수도를 지키는 곳'이라는 칭호를 내린다. 이런 분위기를 타고 고려 말부터 차차 세력을 확장시키던 안동 출신의 신진사대부가 자연스럽게 영역을 확장한 것은 당연지사. 덕분에 조선 시대에는 특별한 세도가를 만들기도 했다. 소주는 당시로는 최고급 술이었으니 세도가 가문이 많은 안동에서 소주가 발달한 것은 어떻게 보면 당연하다.

지금껏 내려오는 수많은 전통주들은 상당수가 문헌에 있는 술이다. 소곡주, 죽력고, 이화주 등 수많은 복원된 전통주가 문헌에 기록되어 있다. 그런데 안동소주라는 명칭은 문헌에서 찾기는 어렵다. 다만 안동에서 쓰인 조리서에 소주 빚는 법이 기록되어 있다. 대표적인 것이 조선 중종 때 쓰인 김유가 쓴 한문 필사본 요리서《수운잡방(需雲雜方)》, 안동 장 씨에 의해 최초로 쓰인 한글 조리서《음식디미방》, 1700년대 작자 미상의 한글 조리서《온주법(蘊酒法)》이란 책이다. 미루어 짐작하건대 안동소주라는 이름이 따로 있었던 것이 아니라, 안동에서 소주를 많이 마시니 자연스럽게 안동소주란 이름이 나온 것으로 보인다.

안동소주가 전국적으로 이름을 알린 것은 고려시대나 조선시대는 아니다. 당시만 해도 지역의 술이 아닌 집안의 술이었다. 그러면 언제 본격적으로 등장했을까? 실은 지금으로부터 100년 전, 일제강점기부터다. 1920년 안동 최대의 부호인 권태연(權台淵) 씨는 안동시 남문동 184의 800평의 대지에 소주 공장을 세운다. 공장 이름은 안동주조회사, 그 공장에서 만들어진 제품이 바로 제비원 소주이다. 이른바 상품화된 안동소주의 효시이다. 당시 제비원 소주는 흑국균을 사용한 누룩을 써서 만들었다고 알려져 있다.

이 흑국균이 일본 것이라는 주장도 있지만 실은 우리 누룩에도 있는 균이다. 하지만 주류에 대한 산업화를 먼저 진행한 일본이 누룩균 중 흑국균을 추출해 소주 제조용으로 대량 보급하던 시절이었다. 결국 산업화를 늦게 시작한 당시로서는 이 방식을 택할 수밖에 없었던 것으로 보인다. 여러 가지 논란의 소지는 있지만 만드는 사람도 한국인이었고, 물도 원재료도 한국 것이었기에 충분히 안동 것이라도 부를 만한 자격은 있다. 이 제비원 안동소주가 만주, 일본으로 수출되면서 그 이름이 널리 알려진다.

1950년대는 소주 업체들의 각축전이 일어나던 시기였다. 특히

안동의 제비원 석불

1954년부터 10년 동안은 이른바 '소주의 전쟁' 시기라 불린다. 삼성 이병철 회장이 세운 풍국주정, 직접 발효하고 증류해 만든 명성 양조장의 스타 위스키, 삼미 소주, 백구 소주 등이 대표적이다. 제비원 안동소주는 주인이 바뀌면서도 명맥을 이어가고 있었는데, 1965년 전후로 엄청난 시련이 닥쳐온다. 식량으로 쓸 곡물이 부족하다보니 나라에서 쌀로 술을 빚지 못하게 한 것이다. 이제까지 순곡으로 빚고 증류한 '증류식 소주'가 사라지고 양조용 알코올인 주정(수입 농산물 및 고구마, 주정 자체를 수입하는 등)을 희석한 '희석식 소주'로 발 빠르게 전환해야 하는 시기가 온 것이다.

제비원 안동소주 역시 증류식을 포기하고 결국 희석식으로 바꾼다. 그리고 안동이 아니라 대구의 경북소주공업이란 곳에서 생산된다. 그렇게 명맥을 유지하던 제비원 안동소주는 1970년 국세청에서의 양조장 통폐합 시정 등의 이유로 1974년 금복주에 통폐합을 당한다. 자본집약적인 소주 산업의 소용돌이에서 살아남지 못하고 결국 역사에서 사라지던 순간이다.

그리고 1988 서울 올림픽을 전후로 전통 소주의 명맥을 다시 찾고자 하는 노력이 시작된다. 전 세계에 소개할 우리 전통술이 없다는 것이 가장 큰 이유였다. 이런 분위기에서 전통주의 명맥을 이어오고 있는 분들이 무형문화재로 지정된다. 문배주, 경주 교동법주, 면천 두견주, 3종의 술이 국가 재정 중요무형문화재가 되고 이강주, 오메기술 등도 시도 무형문화재로 지정이 된다.

안동소주가 먼저 경상북도 무형문화재로 지정이 되고, 안동소주

출처: 명인안동소주 박물관

해방 전후의 안동소주. 송학 안동소주, 제비원 안동소주, 제비원 소주 등 다양했다.

를 빚는 조옥화 명인 역시 1987년 5월 13일 경상북도 무형문화재로 지정된다. 1995년에는 명인 안동소주의 박재서 씨가 농식품부 식품명인으로 지정되는 등, 안동소주는 조옥화 안동소주, 명인 안동소주를 양대 산맥으로 발전한다. 현재 안동소주는 조옥화 민속주 안동소주, 명인 안동소주, 일품 안동소주, 로열 안동소주, 양반 안동소주, 금복주의 안동소주까지 합치면 6곳 이상에서 만들어지고 있다. 모두 맛과 향이 각양각색이다.

개인적인 느낌으로는 조옥화 안동소주는 진한 맛, 그리고 구운 밥의 향이 진하게 나는 데 비해 명인 안동소주는 청량하며 깔끔한 쌀 자체의 풍미가 좋다. 일품 안동소주는 부드러운 맛이 뛰어나다는 평이 많다. 내 입맛에 맞는 안동소주를 선택하면 된다.

# 조선시대의 술 문화

×××

조선시대로 오면 술 빚는 법을 수록한 문헌이 쏟아져 나온다. 선비가 기록한 술 빚기 레시피《수운잡방》부터, 집안의 어머님들이 한글로 기록한 글《음식디미방》, 백과사전에 나오는 술 이야기와 실학,《임원경제지》등 농학서적 등 그 종류가 무궁무진하다. 현재 복원된 대부분의 전통주는 바로 이때의 문헌을 바탕으로 만든 것이다. 특히 작자 미상의 한글 조리서《주방문》은 술 빚기보다 음식 레시피가 더 많음에도 불구하고, 책 이름을 '주방문'이라고 할 만큼 술 빚기를 중요시했다. 술 종류만 해도 700종이 넘으며, 약재, 식물, 꽃향기 등을 넣은 술들이 본격적으로 등장한다. 그리고, 세조 시절에는 대마도에 소주를 전래해서, 일본 보리소주의 근간이 된다.

## 조선의 왕은 어떤 술을 마셨을까

루이 14세가 즐겨 마셨다는 와인을 맛볼 기회가 있었다. 프랑스 부르고뉴 지역의 피노누아 품종의 와인이었다. 얼마나 맛있는지는 둘째 치고, 루이 14세가 즐겼다고 하니 어쩐지 화려하고 특별하다는 느낌이 들었다. 이처럼 와인 중에는 유명 인물과 역사와 관련된 화려한 이야기가 많다. 나폴레옹 3세가 즐겼다는 와인, 미국의 독립선언서를 쓴 토머스 제퍼슨이 사랑한 와인 등, 일화와 역사로 전해지는 와인 문화는 맛 이상의 부가가치를 만들어, 어떤 와인은 해외 경매시장에서 한 병에 수억 원을 호가하기도 한다.

그렇다면 우리 역사에는 이렇게 특별한 인물이나 역사적 사건과 연관된 술은 없었을까? 결론을 먼저 이야기하자면 당연히 있다. 다만 산업화가 늦어 우리 술의 브랜딩 역시 늦어졌을 뿐이다. 또한 일제 강점기와 근현대의 압축 성장 과정에서 궁중의 전통문화나 수백 년 동안 가양주를 빚던 명망 있는 집안이 상당수 사라진 것도 영향을 줬다. 그런 의미에서 화려한 가사 문학을 꽃피웠던 조선의 술 이야기를 풀어보려 한다. 그중에서도 최고 권력자 왕이 마신 술이 주제다.

### 내의원(內醫院)에서 빚던 조선 왕의 술

흔히 술은 양조장에서 빚는다고 생각한다. 하지만 양조장이란 말은 일제강점기 시절 생겨난 말로, 그 전에는 술 빚는 양에 따라 주막이나 현주가로 불렸다. 특히 왕이 있는 궁궐에는 그 이름이 따로 있었는데, 앞서 설명한대로 고려 시대에는 양온서(良醞署), 조선 시대에는 사온서(司醞署)로 불렸다. 이 사온서를 관할하는 곳은 내국(內局), 사극에도 자주 등장하는 내의원이다. 즉, 궁중의 의술과 약을 담당하던 곳이었다. 한마디로 술을 의술의 영역으로 여겨 아주 귀중하게 약처럼 빚었다. 지금처럼 벌컥벌컥 마시는 술과 개념부터 달랐다.

### 알코올 해독까지 생각하며 빚은 술, 향온주

그렇다면 내의원 사온서에서는 어떤 술을 빚었을까? 서울특별시

출처 | (사)전통주 연구소

○
궁중에서 녹두를 넣고 빚은 향온곡. 녹두는 알코올을 해독하는 효능이 있다.

무형문화재 제9호 박현숙 명인이 내국에서 빚던 술, 향온주(香醞酒)의 전승자다. 향온주의 어원을 보면 문화적으로 어떤 술인지 알 수 있다. 향기 향(香)에 어질 온(醞), 빚을 온이다. 술을 관장하던 사온서(司醞署)와 같은 어질 온(醞), 빚을 온을 쓰고 있다. 어진 자의 향이 있다는 뜻으로 해석되기도 하며, 무엇보다 내국을 거느리고 있는 궁중의 관청이자 술을 빚는다는 의미가 크다. 어진 자의 향이 있는, 궁중의 술이란 뜻이다.

이 술의 가장 큰 특징은 술 발효를 시켜주는 누룩에 녹두를 넣어 같이 발효시킨다는 점이다. 이를 문헌에서는 향온곡(香醞麴)이라 부른다. 녹두는 피부 미용에 좋고 콜레스테롤 수치를 낮춰준다. 그리고 무엇보다 해독작용이 뛰어나다. 막걸리와 녹두전을 같이 먹는 이유도 여기에 있다. 더불어 녹두죽은 해장에 좋은 요리다. 이 녹두를 흔히 누룩이나 술 빚을 때 넣지 않은 이유는 단백질 함량이 많아 조금만 잘못하면 쉰내가 나고 발효가 늦어지기 때문이다. 궁궐에서는 손이 많이 가는 술을 만들었다는 의미다. 서울시 무형문화재 박현숙 명인의 향온주는 이러한 녹두누룩(향온곡)으로 10번 이상을 발효(덧술)시킨 후, 증류한 술로 알려져 있다. 알코올 도수는 40도 전후, 고도주라 과음은 금물이지만 맛과 도수를 떠나 녹두로 빚었다는 것은 한 번이라도 더 왕의 건강을 생각하는 마음으로 빚은 술이라는 해석이다.

## 은(銀)으로 증류한 내국감홍로

작자 미상의 구한말 실학서적 《신농유약(神農遺藥)》에는 향온주 외에 궁중에서 빚는 술에 대한 내용이 기록되어 있다. 술 이름은 내국감홍로(內局甘紅露). 1차로 연씨(蓮子)와 찹쌀, 누룩 등을 재료로 연꽃술을 빚은 후에, 그 술과 함께 다양한 약재를 넣고 증류한다. 중요한 것은 바로 은솥으로 증류했다는 것. 외국에서는 토기나 동으로 증류했다는 기록은 있으나 은으로 만든 도구로 증류했다는 기록은 보이지 않는다.

퇴계 이황의 수제자 중 한 명인 조선 중기의 성리학자 기대승의 시집 《고봉선생속집(高峯先生續集)》을 보면, 내국홍로주(內局紅露酒)란 이름으로 어떤 잔에 술을 마셨는지 나와 있는데 역시 잔도 증류기의 재질인 은(銀)이다. 한국전통주 연구소 박록담 소장은 은을 사용한 이유는 은은 열전도율이 좋아 낮은 온도에서도 좋은 술을 증류

· 출처 | 샘마당

은솥으로 증류하는 모습을 재현하고 있다.

할 수 있고, 동시에 발효 및 증류 시에 발생할지도 모르는 독성의 생성 여부를 확인하기 위해 은기를 사용했던 것이라 설명한다. 동시에 궁중의 술은 향온곡과 같이 전용 누룩이 있었다는 점에서 예사 술과 다르며, 특히 약을 다루는 전문 어의들의 감독 아래 술 빚기가 이뤄지고 전문기술을 요구되었던 만큼, 이 술의 복원과 대중화는 한국 술의 진정한 부활과 명품화, 나아가 세계화와도 맞닿아 있다고 말한다. 현재 시판되는 제품 중에서 내국감홍로와 홍로주에 가장 가까운 술은 파주의 감홍로와 진도홍주로 본다. 하지만 각각의 제조법에는 차이가 있다.

## 술에서 유래한 다양한 우리말 이야기

××ׄ

지금이야 술이 무척 흔한 시대지만 불과 100년 전, 산업화 이전 만 해도 술은 무척 귀했다. 술을 빚기 위해서는 먹을 곡식 외에 잉 여 농산물이 있어야 하고, 까다로운 효모균을 잘 키우기 위한 인력, 발효를 위한 저장고까지 필요했기 때문이다. 우리나라에서 술 빚 는 집안이라고 하면 양식으로 쓰고도 남을 만큼 곡식이 풍성하다 는 뜻이며, 인력과 장소가 있다는 것은 집이 크다는 것을 의미했다. 결국 술 자체가 가문의 위상을 나타내는 최고의 사치품 중 하나였 다. 그러니 조선 시대에는 흉년이 들어 먹을 곡식이 적어지면 왕의 특권으로 바로 금주령이 내려진다. 실록에만 무려 129번이나 언급 되며, 태종 때는 금주령을 어긴 의순고의 별좌 황상이 귀양을 가고, 영조 대에는 병마절도사 윤구연을 영조가 직접 사형을 집행했다는 기록도 나온다.

　이러한 이유여서일까. 한국의 술은 귀하다는 의미의 약(藥)이란 단어를 붙여 약주(藥酒)라는 이름으로 불리기도 했다. 가까운 일본 에서도 술을 존중한다는 의미로 이끌 어(御), 일본어로 오(お)를 붙 여 오사케(お酒)라 부른다. 이처럼 술이란 매체는 귀하고 중요하다 는 배경으로 수많은 언어와 문화에도 영향을 미친다. 그런 의미로 한국을 대표한다는 술문화 수작(酬酌)부터, 화폐 대용으로도 쓰인 술까지, 술에 관련된 용어를 정리해보자.

## 건배(乾杯) 가 아니라 수작(酬酌)

요즘은 술을 마시면서 건배라는 말을 달고 살지만,《조선왕조실록》
을 보면 건배란 단어는 한 번도 등장하지 않는다. 대신 등장하는 단
어가 바로 수작(酬酌). 갚을 수(酬), 따를 작(酌) , 술을 주고받고 나눈
다, 술잔을 돌린다, 그리고 술을 통해 대화를 한다는 의미이다. 잔을
부딪치고 한 번에 다 마셔야 하는 건배와는 완전히 다른 문화이다.
오래간만에 친구들끼리 회포를 풀며 탁주 한잔을 나눌 때, 지나가
던 주모에게 잔을 건네면 주모가 어디서 수작을 청하냐는 말이 변
하여 수작 부린다는 뜻으로 이어졌다고 전해진다.

　건배는 원래 고대 바이킹족의 문화였다고 한다. 당시 쓰던 잔은
대부분 뿔잔, 아래쪽이 뾰족한 형태라 잔을 세울 수 없었고, 당연히
한 번에 다 마셔야 했다. 한마디로 원샷, 잔 바닥이 마를 때까지 다
마시라는 건배(乾杯)와 의미가 같다. 잔을 부딪치는 풍습은 적들과
화친을 할 때, 술잔을 부딪혀서 넘치게 해 술을 서로 섞음으로써
독을 탔는지를 확인하기 위해서였고, 이 문화가 대륙을 건너 중국
으로 왔으며, 일본과 우리나라까지 전해졌다는 것이 일반적인 견
해이다.

## 작정(酌定), 술 따르는 양을 정한다

지금이야 술병으로 속이 훤히 보이는 유리병을 많이 사용하지만,
불과 100년 전만 해도 호리병, 또는 나무통이었다. 이렇다 보니 병
속에 술이 얼마나 있는지 알 수가 없고, 얼마나 따를 수 있을지 짐

작할 수도 없었다. 여기서 파생된 단어가 바로 작정. 따를 작(酌), 정할 정(定). 즉, 술의 양을 정하고 따른다는 뜻이다.

작정하지 않으면 술잔에 술이 한없이 넘쳐 흘렸고, 보는 이는 이것을 작정이 없다고 하여 무작정(無酌定)이라 불렀다. 술이 워낙 귀했기에 작정이란 말이 결정한다는 뜻으로 이어진 것으로 본다.

### 보이지 않는 술의 양을 헤아린다는 짐작(斟酌)

짐작이란 헤아릴 짐(斟), 따를 작(酌)이다. 따르는 양을 생각하고 따른다는 뜻이다. 술잔을 보고, 또는 상대방이 얼마나 마실 수 있는가, 좋아하는가, 싫어하는가를 상황을 보고 예상을 해본다는 뜻이다.

### 같이 마셨다는 참작(參酌)

법정 드라마를 보면, 죄질이 무거운데도 상황을 이해하여 형량을 줄인다는 '정상참작'이란 말을 쓰곤 한다. 여기서 참작이란 참여할 참(參), 그리고 따를 작(酌)이다. 즉, 같이 술을 따르던 자리에 있다는 뜻이다. 좀 더 풀이하자면, 같은 상황, 나아가 같은 사회에 있기 때문에 책임이 오직 한 사람에게만 있는 것이 아니며, 상황을 헤아린다는 뜻으로 이어진다.

### 술 마시기 전에 먹었던 음식 주전부리(酒前喙)

간식이나 군것질을 자주 한다는 의미로 '주전부리'라는 말이 있다. 한자를 그대로 풀이하면 술을 마시기 전(酒前), 새의 부리 훼(喙)처럼 콕콕 찍어 먹는다는 뜻으로 말 그대로 거한 밥상이 아니라 콕콕 찍어 먹을 만한 가벼운 음식을 먹는다는 뜻이다. 동시에 새처럼 쉬지 않고 계속 찍어대며 먹는다는 뜻도 있다. 흥미로운 것은 주전은 음독(音讀)인데 부리는 훈독(訓讀)을 사용했다는 점이다. 아마도 부리 훼(喙)란 단어를 쓰기보다는 그냥 부리라고 하는 것이 훨씬 와닿아서가 아닐까 생각한다.

### 일에 대한 보상을 술로 주다, 보수(報酬)

보수란 단어를 잘 보면, 갚을 보(報), 갚을 수(酬)다. 여기서 수(酬)의 부수는 술 유(酉), 술로 갚는다는 뜻이다. 한때 술로 월급을 주기도 했기 때문에 생긴 단어다. 재미있는 것은 동양에만 있는 관습이 아니라는 것. 서양 역시 중세 시대 농노들에게 일한 대가로 맥주를 지급했다는 기록이 있으며, 일본 역시 술이 쌀처럼 화폐 대신 쓰였다는 기록이 있다.

술 유(酉)가 들어간 단어에는 술 관련 유래가 무척 많다. 대표적으로 의술 의(醫)도 그중 하나이다. 아플 예(殹)를 받치고 있는 것이 술 유(酉)이고, 이를 통해 치유한다는 뜻을 가지고 있다. 약이 부족했던 시대에 술이 약으로 귀하게 쓰였음을 알 수 있다.

모두가 한자에서 유래한 것이긴 하지만, 수작, 짐작, 작정 같은 단어는 중국이나 일본에서는 많이 사용하지 않고 한국에서 가장 많이 사용한다. 이를 두고 우리나라가 가장 술을 사랑한다고 해석한다면 당연히 억지겠으나, 그만큼 우리의 삶 속에 술과 관련한 다양한 문화가 있었음을 보여주는 예다. 하지만 지금 우리의 술 문화는 그렇지 않다. 마시면 취해야 하고 술의 종류도 너무 획일화되어 있다. 우리의 술 문화를 바꾸기 위한 해답을 멀리 있는 와인이나 위스키가 아닌 해학과 풍류가 있던 우리 전통주에서 찾아야 하는 것 아닌가 하는 생각이 든다.

## 역사상 최고의 애주가는?

× × ×

한국에는 외국과 다른 독특한 인사법이 있다. 누구나 한번쯤 해봤을, "주량이 얼마냐 되냐"는 질문이다. 외국에도 당연히 주량을 묻는 질문이 있긴 하다. 하지만 한국처럼 첫 대면에 직접 물어보는 경우는 흔치 않다. 정말로 주량이 궁금해서 묻는 것도 있지만, 술에 대한 다양한 에피소드를 통해 서로 공통점을 찾아 소통하고자 하는 데 그 목적이 있다. 한국인의 정서에는 술에 대한 다양한 역사, 문화, 그리고 추억이 공존하기 때문이다. 그렇다면 우리 역사 속의 인물들은 술을 어떻게, 그리고 얼마나 즐겼을까? 주량을 물어보는 독특한 인사법을 가진 한국의 문화 속에서 풍류와 문화를 즐겼던 애주가 3인을 소개한다.

### 가사문학의 대가 정철

조선 선조 대의 송강 정철은 가사문학의 대가이다. 가사문학이란 간단히 말하자면 운문과 산문의 중간 형태로 조선시대에 특히 사랑받았던 문학의 한 갈래이다. 종래의 한문투에서 벗어나 3·4조의 운율에 따라 자유자재로 우리말을 구사한 정철은 호탕하며 원숙한 시풍으로 대가의 자리에 올랐다. 대표적인 작품으로는 학창시절 문학 시간에 단골로 등장한 '관동별곡', '사미인곡', '속미인곡'이 있다. 여기에 정철이 결정적인 애주가임을 확인할 수 있는 작품은 바로 '장진주사(將進酒辭)'다.

> 한 잔 먹세그려. 또 한 잔먹세 그려. 꽃을 꺾어 술잔 수를 세면
> 서 한없이 먹세그려

이 시는 탐미주의적인 관점과 규율에 얽매이지 말자는 노장사상, 그리고 허무주의를 권주가로 표현했다고 해석하곤 한다. 정철은 여행을 좋아하는 풍류가답게 자연을 즐겼다. "저녁달은 술잔 속에 지고 봄바람은 내 얼굴에 떠오른다"고 노래한 대월독작(大月獨酌)을 보면, 보름달을 보며 홀로 술을 마신다는 기록이 나오는데, 현재 그가 남긴 술의 시조만 해도 20여 수 나 되고, 그의 대표작 '관동별곡'이나 '사미인곡도'의 감성적인 표현을 봤을 때 술과 자연을 함께 즐기며 썼을 것이라고 후대는 평가한다.

> 저녁달은 술잔속에 지고
> 봄바람은 내 얼굴에 떠오른다.

출처 | 문화재청

○

담양 송강정.송강 정철이 초막을 짓고 살았다는 지역으로
1770년에 후손들이 그를 기리기 위해 지었다.


하늘과 땅 사이에 한 자루 외로운 칼

길게 휘파람 불며 다시 누대에 오른다

- 대월독작


봄날은 며칠이나 남았나

백 년이면 인생도 다하거늘

바다 위의 안개꽃 시들었는데

술잔 앞에 병든 내 눈은 밝기만 하다

-진도 가는 배 안에서 하옹에게 주어 화답을 구하다


정철은 문인으로는 후한 평가를 받지만, 정치가로서는 박한 평가를 받았다. 술에 대한 절제도 약해 선조가 의주로 몽진했던 임진 왜란 때는 중요한 어전에 과음으로 불참, 이후 탄핵을 받아, 광해군 이전까지 그 명예가 실추된 상태였다. 이후 복권과 실추를 거듭한 끝에 1694년 숙종 대에 들어서야 정식으로 복권된다.

## 성종 대 명문장가 손순효

역사가 기록한 애주가라면 이 사람 또한 빠질 수 없다. 조선 성종 때 병조판서까지 역임한 손순효, 중국으로 보내는 서신은 모두 그 가 담당할 정도로 당대의 빼어난 문장가였고, 문장 실력은 술을 마 신 후에도 결코 흔들림이 없었다. 하지만 워낙 술을 좋아해서 늘 취 해 있기 일쑤였고, 이를 걱정한 성종은 술을 경계하라는 의미로 하 루에 딱 3잔만 마시라며 작은 은잔을 하사한다. 애주가인 손순효는 입장에서는 하루에 3잔밖에 못 마신다고 생각하니 억장이 무너질 일이었다. 하지만 왕의 어명이니 절대적으로 따라야만 했다. 고민 하던 손순효는 궁리 끝에 잔의 크기를 키우기로 했다. 대장장이에 게 작은 은잔을 사발만큼 크 게 만들어달라고 한 것이다. 하지만 얼마 안 가 성종에게 들키고 만다. 그가 취한 모습 을 본 성종은 어명을 어겼다며 크게 화를 내는데, 손순효는 당황 하지 않고 하사받은 잔의 무게에

신라의 은잔. 왕실에서는
대대로 은잔이 많이 쓰였다

출처 | 문화재청

는 변함이 없음을 증명한다. 손순효의 재치에 마음이 풀어진 성종은 "내 소견이 좁아지거든, 그때 이 사발 잔만큼 넓게 펴주길 바라오"라는 말을 남겼다고 한다. 손순효는 비록 술에 대한 자제력은 약했지만, 청렴하고 훌륭한 인품으로 많은 사람의 존경을 받았다. 대쪽 같은 성격으로 연산군에게 직언도 서슴지 않았는데, 평소 그의 인품을 존경한 연산군이 벌을 내리지 않았다고 한다.

## 고려시대 대표 문장가 이규보

고려시대에도 대단한 애주가가 있었다. 고구려의 역사를 통해 민족혼을 일깨우기 위한 서사시 동명왕 편을 집필하고, 《동국이상국집》을 써서 당시의 시대상을 알린 고려 중기의 문인 이규보다. 그는 연잎에 술을 담아 연 줄기로 빨아 마시고, 이동용 정자 사륜정(四輪亭)을 만들어 자연과 술을 함께 느끼고 즐겼다. 뛰어난 문장으로 유명한 그가 집필한 소설 중에 수능시험에 단골로 등장할 정도로 유명한 것이 바로 《국선생전(麴先生傳)》이다. 이 소설은 모든 주인공을 술로 의인화했는데, 주인공은 국선생(麴先生)이라 불리는 맑은 술, 조상은 술의 샘인 주천(酒泉) 출신이며, 아버지는 막걸리(醪), 어머니는 곡식이다. 그의 아들 역시 모두 술로, 각각의 이름이 독한 술 '혹(酷)', 진한 술 '폭(暴)', 그리고 쓴 술인 '역(醳)'이다. 아버지인 국선생(맑은 술)은 총명하고 뜻이 컸으며 향기로운 이름으로 왕의 총애를 얻었지만, 아버지의 권세를 너무 믿은 세 아들은 방자하게 행동하다 몰락을 한다. 주인공인 국선생(맑은 술) 역시 좌천되지만, 다시 왕의 부름을 받아 공을 세우고, 결국은 다시 고향으로 돌아간다는 이 야기다. 인간사의 다양한 모습을 술에 빗대어 표현했는데, 술에 대한 그의 특별한 애정을 엿볼 수 있는 작품이다.

## 삶과 죽음이 교차하던 왕과의 술자리

× × ×

《조선왕조실록》을 보면 왕과 신하가 술자리를 자주 가졌다는 것을 알 수 있다. 심지어 궁궐 내 아침 조회인 상참이 끝나고 왕이 술자리를 열기도 했다. 왕 중에서 가장 애주가를 뽑는다면 세조가 아닐까. 세조는 한마디로 최고의 애주가라고 할 만큼 다양한 에피소드를 남겼는데, 그에게 주사를 부려 죽을 뻔했던 사람, 의심받은 사람, 그리고 정말 죽은 사람도 있었다.

### 왕에게 반말을 한 신하

우리 문학사상 최초의 한글 시 '용비어천가'를 지은 정인지는 세조를 왕으로 만들어 준 계유정난의 1등공신이었다. 다만 문제가 하나 있었는데 그가 술이 무척 약하다는 것. 그는 세조와의 술자리에서 네 번이나 실수를 저지르는데 가장 유명한 것이, 세조 4년(1458) 세조가 경회루에서 환갑이 넘은 대소신료를 불러 양로연(養老宴)을 베풀었을 때 일이었다. 이때 정인지는 역사에 남을 말을 남기는데, 바로 세조에게 "너(汝)"라고 한 것이다. 왕에게 너라고 했으니 중죄 중의 중죄였다. 중신들은 처벌을 간청했으나 세조는 일축했다. 세조 말년에는 세조를 '태상(상왕)'이라고 불렀다가 분노를 사기도 했는데, 신하들이 이번에는 반드시 정인지를 벌하자고 간언했으나 세조는 "늙은 영감이 그랬는데 뭘 그러냐"며 넘어갔다. 덕분에 정인지는 83세까지 장수했다.

## 세조를 팔씨름으로 이긴 신숙주

역시 집현전 학자이면서 변절의 아이콘인 학자가 있다. 바로 신숙주. 정인지와 같이 훈민정음 해례본도 만들었으며, 용비어천가에도 참여했다. 이 신숙주가 술자리에서 세조와 팔씨름을 했다. 첫판은 세조가 이겼으나, 이내 호기가 돌아 두 번째 판에는 세조를 이겨버렸다. 그것도 세조가 아파할 정도로 세게! 이를 지켜본 세조의 책사 한명회는 불안함을 느꼈다. 세조가 신숙주의 충성심을 의심하면 피바람이 불 수 있기 때문이었다. 이에 한명회는 꾀를 낸다. 세조가 신숙주를 의심하지 못하도록, 왕에게 신숙주가 만취했다고 고한 것이다. 그리고 한명회는 신숙주의 집 하인에게 집에 있는 책과 등불을 모두 없애라고 이른다. 이유는 그가 새벽에 일어나 책을 읽지 못하게 하기 위해서다. 신숙주는 아무리 술에 취해도 새벽에 일어나 책을 읽는 습관이 있었다. 아니나 다를까 세조는 사람을 시켜, 그가 새벽에 일어나는지 확인했고, 불이 켜지지 않는 것을 보고, 그가 정말 만취했다고 생각해 의심을 풀었다는 일화다. 이 이야기는《소문쇄록(謏聞瑣錄)》이라는 연산군 시절의 지리 및 야사 등을 기록한 책에 나와 있다.

## 돌이킬 수 없는 말실수

계유정난 때, 수양대군의 왕위찬탈을 도운 무인은 약 30명 정도다. 이 중에 양정(楊汀, ?~1466)이라는 인물이 있었는데, 계유정난에서 세운 공으로 책록, 공조판서, 충주부판사 등을 거쳐 함길도 도절제사에 오른다. 후에 양정이 함길도에서 돌아오자 궁에서는 그를 위해 위로연을 베푸는데, 양정이 여기서 술에 취해 씻을 수 없는 말 실수를 하고 만다.

'상감께서 오랫동안 왕위에 계셨으니 이제 편히 여생을 즐기는 것이 어떠냐'며 왕위를 선위(禪位)하라고 건의한 것이다. 결국 신숙주가 죽음을 각오하고 양위 사태를 무마시켰으나, 양정은 결국 규탄을 받아 사형을 당한다. 당시 그의 나이 60여 세였다. 실록에서는 그가 북방의 변방에서 근무해, 왕에게 불만을 가지고 있었다고 기록되어 있다.

## 목숨까지 앗아가던 금주령 시대

××× 

조선시대는 금주령이 수시로 내려졌던 시기였다. 이유는 여러 가지가 있지만, 가뭄이나 홍수 등의 재해를 대비해 곡식 소모를 미리 막자는 것, 그리고 먹을 곡식도 부족한 상황에서 사치스럽게 술을 빚어 마셔서는 안 된다는 이유였다. 태조 4년부터 금주령이 시행되는데, 정조 대에 가서야 완화되고 마지막 왕인 순종 때까지도 존재한다. 다만 금주령에도 예외는 있었는데, 임금이 베푸는 연희, 국가제사, 술 빚기를 업으로 삼는 사람, 부모 형제를 맞이하거나 약으로 마실 때 등이다. 사치스럽게 마시는 술만 경계했다고 볼 수 있다.

한글을 창제한 세종은 술을 좋아하지 않았던 왕 중 한 명이다. 《세종실록》을 보면 금주령을 내릴 때마다 청주를 마시는 양반 사대부는 걸리지 않고, 탁주를 마시는 백성이나 사고파는 자들만 벌을 받는다는 세종의 지적이 있다. 결국 유전무죄, 유전무죄가 금주령에도 적용된 것이다.

금주령을 가장 강력하게 시행한 것은 바로 영조였다. 영조는 조선왕조에서 가장 오랫동안 재위했던 왕으로 1724년에서 1776년까지 53년간 재위했다. 이 기간 중 50년을 넘게 금주령을 강력하게 시행했다. 본래 흉년이 들면 금주령을 내렸다가도, 곡식 사정이 좋아지면 해제하던 다른 왕들과는 달랐다.

1755년에는 심지어 종묘제례 및 제사 때도 술을 쓰지 못하게 한다. 예주(醴酒)라고 하여, 식혜 같은 감주를 올리게 할 정도였다. 1762년 9월에는 함경도 북청 병마절도사 윤구연이 술을 마셨다는 소문으로 체포됐다. 그의 집에서 술 냄새가 나는 빈 항아리가 발견된 것이다. 이에 대사헌 남태회는 영조에게 그를 파직하라고 청한다. 하지만 영조는 파직만으로 그치지 않았다. 남대문에 가서 직접 윤구연 목을 벨 정도로 대노했다(上大怒 親御南門 斬九淵). 영의정, 좌

의정 모두 윤구언을 살리려 했으나 오히려 영조는 그들을 파면했다. 12년이 지나 진실이 밝혀졌다. 윤구연의 술독은 금주령 이전부터 있던 것이고, 술을 마셨다는 소문도 금주령 이전의 소문이었다. 그의 명예는 복권된다. 금주령 시대의 공포정치가 어느 정도였는지 알 수 있는 일화다.

그런 영조가 금주령 시대에 술을 마셨다는 의혹이 있다. 영조 12년인 1736년, 조명겸이라는 신하가 "민가에서 전해진 말을 들으니, 성상께서 술을 끊을 수 없다고들 한다는데, 저는 잘 모르지만 오직 바라건대, 조심하고 염려하며 경계함을 보존토록 하소서."라는 기록이 있다. 영조의 대답은 술이 아닌 오미자 차를 마신다는 것. "내가 목이 마를 때 간혹 오미자차(伍味子茶)를 마시는데, 남들이 간혹 소주(燒酒)인 줄 의심해서이다"라고 답한다. 결국 의혹만이 남아 있는 셈. 후대에서는 영조의 비겁한 변명이라고도 이야기한다.

영조는 금주령을 어긴 신하를 처형까지 시킨 냉혹한 왕이지만 예외의 경우도 있었다. 영조 33년인 1757년, 금주령을 위반한 유세교(柳世僑)란 사람이 잡혀 온다. 시장에서 술을 팔았다는 것이 그의 죄목이었다. 유세교는 술이 아니라 식초라고 주장했다. 관리들은 그를 모질게 고문해 자백을 받고 사형에 처하기로 했다. 그런데 영조는 그가 불쌍하게 느껴졌다. 유세교는 시골에 살아 금주령이 내려진 것도 모르던 민초였다. 영조는 우의정 김상로에게 유세교의 술을 맛을 보라 명한다. 영조의 의중을 파악한 김상로는 술 향이 나긴 하지만 식초 같다고 답하고 결국 유세교는 석방된다. 영조는 고위

공직자에게는 엄하지만 민초에게는 너그러웠던 왕이 아니었을까.

흥미롭게도 영조의 금주령을 푼 것은 그 다음 왕, 영조의 손자인 정조였다. 정조는 영조의 정책을 잘 받들었는데, 유일하게 이 금주령만큼은 많이 완화했다. 정조 17년, 우의정 김이소가 흉년을 이유로 금주령을 건의하나 정조는 백성들이 힘들어한다는 이유로 난색을 표한다. 혹자는 정조가 술을 좋아했고, 영조 때 내린 금주령이 그다지 효과가 없었다고 판단했기 때문이라고 본다.

그렇다고 정조가 금주령을 아예 내리지 않은 것은 아니었다. 한성부에 명하여 술 빚기를 절제하게 하기도 했다. 다만 이것은 흉년이 들었을 때 어쩔 수 없이 내리는 경우였고, 무엇보다 금주령을 어겼다고 사형을 하거나 귀양을 보내는 일은 없었다. 덕분에 도처에 주막이 발달하고, 술안주였던 고기나 생선 값이 폭등하기도 한다.

## 주막에도 4성급, 5성급이 있었다

× × ×

지역 술을 만나러 지방을 방문하면 늘 아쉬운 것이 있다. 음식도 좋고, 풍경도 좋지만 늘 아쉽고 불편했던 것, 바로 숙박이다. 전국 어딜 가나 비슷한 모텔, 아니면 프랜차이즈 호텔 중에서 선택해야 했다. 지역의 문화를 담은 개성 있는 숙박 시설은 찾기 어렵고 어설프게 도시의 스타일을 따라한 애매한 숙박 업소뿐이었다. 이럴 때마다 늘 부러운 나라가 있다. 바로 일본이다. 어느 지역을 가도 료칸

(旅館)이란 형태의 전통 호텔이 있어서, 향토 음식과 극진한 서비스로 맞이해준다. 동시에 그 지역의 관광 정보까지 전달해주는 역할도 한다. 잘 생각해보니 한국에도 비슷한 곳이 있었다. 소백산의 죽령, 문경새재, 추풍령 같은 고개에 있었고, 충주나 마포 같은 나루터에 있었던 곳, 바로 주막이다. 주막의 특징은 한 방에서 양반과 평민도 같이 자는 공간이라 말하는데, 정말 이렇게 천편일률적인 스타일이었을까? 우리에게는 일본의 료칸(旅館)에 버금가는 고급 주막은 없었을까? 요즘 호텔처럼 5성급, 6성급 같은 등급은 없었을가? 지금의 호텔처럼 나누는 것은 아니지만, 한국의 주막에도 분명히 구분은 있었다.

## 관영에서 운영하는 주막 역(驛)

관영에서 운영하는 '역'은 일반적으로 국경 지대에 많이 있었고 주로 공무를 수행하는 관리 및 사신들이 머무르는 공간이었다. 주모는 물론 다모(茶母)도 같이 있었으며, 임진왜란 때 선조가 최후로 피난을 간 명나라 국경지대 의주의 역에는 200명 이상이 근무를 했다고도 한다. 물론 마구간도 상당히 컸다.

## 민관이 같이 운영하는 원(院)

원은 토지만 국가 소유일 뿐, 나머지는 지방 유지가 소유하거나 출자한 형태였다. 한마디로 반관반민영 형태라 볼 수 있다. 지금은 이름만 남아 그 형태를 유지하고 있다. 조치원, 사리원, 그리고 이태

○

신윤복의 '주사거배(酒肆擧盃)'.
술을 뜨고 있는 주모의 모습과 관료들이 방문한 것을 보아 고급 주막인 것을 알 수 있다

원, 장호원, 홍제원 등이 대표적이다.

주막을 그린 대표적인 그림 두 개를 고른다면 아마 신윤복의 '주사거배'와 김홍도의 '주막'을 들 수 있을 것이다. 두 그림의 가장 큰 차이점은 '주사거배'는 고급 주막을, 신윤복의 '주막'은 서민들을 그렸다는 점이다. 주사거배는 그림 속 사람들의 옷차림으로 보아 상당히 상류층이 즐기는 주막으로 보인다. 조선시대 관리의 복장부터 주모를 보좌하는 중노미라는 남자 일꾼도 보인다. 반대로 김홍도의 주막은 말 그대로 서민적이다. 마루에 앉아 술단지를 앞에 놓고 국밥을 먹는 모습이 정겹다.

김홍도의 '주막'. 신윤복의 '주사거배'와 달리 서민적인 모습이다.
주모가 막걸리를 떠주는 모습으로 보인다

## 풍류를 즐기던 만남의 장, 주막

신사임당의 장녀로 화가, 시인이었던 이매창은 이런 시를 읊었다.

들쭉날쭉한 산 그림자 강물에 드리워졌는데

수많은 수양버들 가지 주막을 가리웠네

물결에 바람 일어 해오라기 졸다 날고

뱃사람의 말소리가 안개 속에 들려오네

새벽에 강나루터에서 주막을 바라보며 풍류도 읊었다는 이야기다.

주막에 가기 위해 가마를 타고 일부러 찾기도 한 곳이 주막이었다.

정선 아리랑 노랫말을 보면 이런 구절이 나온다.

술이야 안 먹자고 맹세를 했는데, 안주 보고 주모 보니 또 생
각나네

주모에 따라 매출이 좌우되었다는 걸 짐작할 수 있다. 간혹 마타
하리 같은 첩보원 역할도 했다고 한다. 환전해주는 주막부터 선술
집의 시작도 주막이었다. 객줏집에서는 위탁 판매도 해줬다고 한
다. 목로집이란 주막도 있었는데, '목로'란 기다란 술판을 말한다.
목로에 술을 주면 사람들이 그 앞에 서서 마시다 보니 선술집이라
는 이름이 붙었다. 몰락한 양반가가 하는 주막도 있었다. 내외주가,
내외술집이라 불리는 곳이다. 이곳은 일반적인 주막과 달리 나름의
격식을 차려야 하는 분위기였다고 한다. 재미있는 것은 주모의 얼
굴을 잘 보여주지 않았다는 것이다. 팔뚝만 내놓고 술을 따라준다
고 팔뚝집이라고 부르기도 했다. 주막의 주 메뉴는 주로 국밥을 중
심으로 육포, 어포, 수육, 너비아니, 술국이 나왔다고 한다. 절대로
나오지 않는 음식이 하나 있었는데 바로 낙지, 과거 보러 가는 유생
들이 미끌미끌한 낙지를 먹고 낙방할까봐 내놓지 않았다고 한다.
대폿집은 큰 잔을 의미, 일제 강점기 시절에만 해도 막걸리 집을 의
미했다. 소줏집은 다모토리라 불렀다. 주막을 나타낼 때는 흰 등이
나 홍등에 술 주(酒)를 쓰기도 했지만, 술을 걸러내는 용수(긴 소쿠리)

를 걸기도 했다. 심지어 24시간 주막도 있었다. 날밤집이라고 불렀는데, 지금이나 그때나 주당들은 24시간 술이 그리운 모양이다. 우리의 주막은 이렇게 다양했다. 하지만 지금은 이런 다양한 문화를 찾아볼 수 없다. 좋은 것은 잘 살리고, 아쉬운 것은 보완해서 우리나라 전통 숙박 형태인 주막 문화가 복원되었으면 하는 바람이다. 당연히 시간이 걸릴 것이다. 하지만 의지를 가지고 복원해 나간다면, 우리만의 독특한 문화적 가치를 다시 살려낼 것이라 기대해본다.

## 일본 보리소주의 근본은 조선?

××× 

수 년 전까지만 해도 막걸리와 늘 비교되던 일본 술이 있다. 일본식 청주인 니혼슈(日本酒), 일명 '사케'다. 지역마다 그 맛이 다르고, 작은 양조장이 많아 마치 한국의 막걸리와 비슷한 문화를 가지고 있으며, 또 각각 나라를 대표하는 주종이기도 해서 늘 비교가 되었다. 같은 발효주라는 점, 지역 문화를 대표한다는 점에서 공통분모가 있으나, 원료가 가진 문화로 보자면 꼭 비슷하지만은 않다. 막걸리는 쌀 이외에도 다양한 곡물을 재료로 인정하는 반면, 일본식 청주는 원료도 쌀, 누룩도 쌀만 사용해야 한다. 그래야 일본의 주세법상 청주로 인정이 되기 때문이다. 그렇다면 일본에도 우리 막걸리처럼 다양한 지역 농산물을 활용하는 술이 있을까? 고구마로, 보리로, 메밀로 만드는 술, 심지어 파로 만드는 일본식 소주가 있다. 일본 발

이키섬 보리소주 친구(ちんぐ). 친구(ちんぐ)란 대마도와 이키섬의
사투리로 둘도 없는 친구를 뜻한다. 우리의 친구와 같은 의미다

음으로 쇼추이다.

일본 소주 기원에 대해서는 다양한 설이 있지만, 대표적인 것 중 하나는 조선 세조 때 대마도를 거쳐 이키(壱岐島) 섬, 그리고 규슈(九州) 본토로 전래되었다는 설이다. 《세조실록》에는 대마도로부터 조공을 받고, 그에 대한 하사품으로 소주를 줬다는 기록이 있다. 일본에서도 조선에서 건너온 증류기술이 일본 보리소주의 시작이었다고 말하고 있다. 기록에 따르면 대마도와 큐슈 사이에 있는 이키섬(壱岐島)이 발상지라고 한다. 몽골에게 배운 기술을 일본에 전파한 것이다.

오키나와 아와모리 소주를 숙성하는 모습.
아와모리 소주는 숙성을 중요시한다

### 오키나와의 아와모리(泡盛) 소주

일본 전통소주의 증류 방법은 크게 조선 세조 때 건너온 증류기술
과, 일본 최남단 오키나와의 증류기술 두 가지로 나눌 수 있다. 세
조 때 건너온 증류기술은, 밑술과 덧술을 이용해 막걸리나 청주를
빚고 그것을 증류하는데, 오키나와에서는 막걸리나 청주를 빚지 않
고, 누룩에 물을 넣어 발효시키고, 그것을 바로 증류한다. 그리고 쌀
은 타이쌀, 즉 인디카 종을 쓴다. 이 방식은 인도차이나 반도의 증
류기술과 흡사해서, 오키나와의 아와모리 소주는 태국에서 전래되
었다는 설이 유력하다.

### 조선의 도공이 만든 항아리

일본 규슈의 최남단 가고시마현의 소주 양조장에 가면 거대한 항

가고시마에서 숙성중인 고구마 소주.
항아리 제작 기술은 조선의 도공들이 전해줬다

아리들이 보인다. 모양이 한국의 항아리와 매우 흡사한데, 이 항아리는 정유재란 때 일본으로 끌려간 조선의 도공들의 기술을 바탕으로 발전시킨 것이다. 가고시마 지역은 조선의 도공들이 활동한 곳으로 유명한데 아직도 조선에서 건너온 것을 자랑스럽게 여기며 도자기를 빚는 곳들이 있다. 안타깝게도 일본에는 이렇게 소주용 거대한 항아리를 만드는 기술자가 있는데, 한국에는 이제 이런 거대한 항아리를 만드는 이가 없다. 예전에는 양조장에서 이렇게 큰 항아리를 썼지만, 지금은 모두 스테인리스 발효로 바꿔가고 있다.

일본에서는 몰트, 포도 등을 원료로 해서 증류를 하면 소주로 인정을 받지 못한다. 몰트로 만들면 위스키, 포도로 만들면 코냑(브랜디)과 차이가 없다고 보기 때문이다. 독자적인 문화를 지키고자 규제를 만든 경우이다. 따라서 그들이 수백 년간 길러온 농산물로 빚은 술에만 소주라는 단어를 허락했다. 그러다 보니 오히려 다양한 소주가 나오게 됐다. 대표적인 것이 우유소주, 밤소주, 호박소주 등이다. 그밖에도 쑥, 파, 무, 김, 피망, 토마토, 미역까지 모두 소주로 만들 수 있다. 규제 덕분에 꽃핀 다양성이다. 어떻게 보면 다양한 재료로 빚는 막걸리와 비슷한 면을 가지고 있다.

## 일제 강점기의 술 문화

× × ×

구한말과 일제 강점기 시대, 한국 술은 밀려 들어오는 외국 술에 처절하게 맞서보지만 고급 술의 영역은 외국 술이 거의 다 차지해버린다. 1930년 일제의 자본으로 삿뽀로 맥주와 기린맥주의 영등포 공장(현 한국맥주의 전신)이 들어서고, 일본의 사케는 청주라 하면서 우리 술은 탁주나 약주로만 부르게 한다. 소주 공장이 대형화되면서 희석식 소주가 등장하고, 집에서 빚던 가양주는 신고제 또는 전면 금지로 바뀌면서 결국 다채로웠던 우리의 술 문화는 점점 쇠퇴의 길을 걷는다. 술을 빚는 곳이 허가제가 되면서 본격적인 막걸리, 약주 제조장이 생기는데, 이를 양조장 또는 주조장이라고 했다. 양조장은 간장, 된장도 같이 만드는 곳, 주조장은 술을 중심으로 만드는 곳이다.

일제 강점기, 1909년에 주세법, 1916년에 주세령이 발표되면서 집에서 술을 빚는 것을 금지시킨다. 가양주 문화는 일본에서도 있

일제 강점기 시절 양조장.
저장 및 발효통 모두 사케 양조장을 참고했다

었지만, 일본은 자국 내에서도 이미 1899년에 금지령을 내렸다. 서양에서도 마찬가지였는데 산업화 시대가 되면서 집에서 술을 빚는 것은 대부분 금지되고, 양조장은 세금을 걷는 최고의 수단으로 활용된다. 일제 강점기 시절 징수된 세금을 보면 주세가 30%나 차지한다. 술을 통해 얼마나 많은 세금을 갈취했는지 알 수 있다(2015년 현재는 1.5% 내외). 그래서, 일본이 주세법, 주세령을 발표한 것을 산업화 시대에 맞는 선택이라고 주장하는 측과 일제로 인해 가양주가 말살이 되었다는 주장은 서로 늘 엇갈린다.

일제가 1935년도에 출판한《조선주조사》를 보면 일제가 당시 한국의 술에 대해 어떻게 생각했는지 알 수 있다. 세무과장으로 있던 이노우에는 《조선주조사》에서 이렇게 서술한다.

> 조선주는 매우 간단히 만들어지므로 당시 제조 방법에 있어서
> 도 근본적인 것이 없었다. 그 근본적인 것을 충분히 정하기 위
> 하여 각종 조사를 하여 상당한 방침을 수립하여 시행했던 것
> 이다. 조선주는 제조 방법에 있어서 정교하지 못했다.

한국 술을 무척 무시했던 시대상이 그대로 느껴진다. 정말 한국
의 술이 무시할 만한 것이었을까? 먼저 근대화가 진행된 일본에 비
해 산업 규모는 작아 보였을 수도 있다. 하지만 문헌에 있는 술 이
름만 봐도 우리의 술 문화가 얼마나 창의적이고 풍류가 가득했는
지 알 수 있다. '입속에 푸른 파도가 치는 듯하다'는 푸를 녹(綠), 파
도 파(波)의 녹파주(綠波酒), '향이 좋아 삼키기 어렵다'는 애석할 석
(惜)의 넘길 탄(呑) 석탄주(惜呑酒), 돼지날 돼지시간에 빚는다는 삼
해주(三亥酒), 봄이면 진달래, 솔잎, 송홧가루, 여름에는 연잎과 연꽃,
가을에는 국화를 넣어 빚는 아름다운 한국의 전통주, 이름만 들어
도 지금과는 천지 차이다.

그런데 지금은 술맛을 평하는 말조차 와인이나 위스키 같은 외
국 술 문화에서 빌려오는 경우가 많다. 석탄주(惜呑酒)나 녹파주(綠波
酒) 같은 이름을 만들었던 감성과 문화를 잃어버린 것이다. 일제강
점기와 압축성장이 이루어진 60~80년대를 거치면서 서서히 진행
된 비극이다.

## 전통주 문화에 남아 있는 일본의 흔적

건축업계에서 일하는 사람들과 이야기를 하면, 일본식 용어들이
자주 튀어나온다. 공구리를 쳐야 한다, 아시바가 부족하다, 삿보도
가 필요하다 같은 말들이다. 공구리는 콘크리트의 일본식 발음이
고, 아시바 역시 발을 디디는 발판이란 의미로 한자로 족장(足場)이
란 일본 발음, 삿보도는 건축 현장에서 쓰이는 지지대 중 하나였다.
이런 일본식 조어는 전통주 산업에도 유입되었다. 그렇다면 무조건
일본식 조어를 무조건 배척해야만 하는 걸까? 한국의 막걸리와 전
통주 산업 속에 남아 있는 일본식 조어에 대한 배경과 고민을 짚어
보자.

1876년, 한국은 개국이란 명분으로 최초로 근대 국제법을 토대로
일본과 조약을 맺는다. 조약명은 조일수호조규(朝日修好條規), 표면상
의 명분은 조선개국이었지만, 강압적인 상황에서 이뤄진 불평등 계
약이었다. 이를 바탕으로 일본은 한국에서 다양한 경제 활동을 할
수 있었는데, 대표적으로 일본인이 조선에서 일본 화폐를 사용할
수 있었고 일본 수출입상품에 대해 무관세가 적용되었다.

이 강화도조약이 체결되고 11년 후, 한국 최초로 일본 자본에 의
해 일본식 청주 공장이 부산에 세워진다. 1887년에 세워진 후쿠다
양조장이다. 초대 통감이었던 이토 히로부미는 이 회사의 제품에
'코요(向陽)'라는 별도의 제품명까지 지어줬다고한다. 이 공장은 청
주 공장의 효시가 되어 전국으로 퍼져나갔다. 1905년 을사늑약 전
후로 일본의 청주 자본이 끊임없이 들어왔다. 1904년 마산을 시작

으로 군산 등으로 퍼져나가며, 한국식 청주는 등장해보지도 못한 채 수십 개 이상의 일본식 청주가 한국의 고급 청주 시장을 장악해 버린다. 당시 근무자를 보면, 원천 기술자 외에는 모두 현지인인 한국인이었고, 이들을 통해 서서히 일본식 양조 용어가 한국의 술 산업에 밀착되기 시작한다.

## 한국 본래의 술 문화인 가양주는 금지

한국의 술 산업은 일본의 노동집약적인 양조장 체계와는 다른 가양주, 즉 산업화한 술이 아니라 집에서 손수 빚는 술이었다. 다양한 문헌을 통해 그 문화를 발전시켜왔지만, 1909년 주세법, 1916년 주세령에 따라 한국의 술이 획일화되는 근거가 마련되고, 자가 소비용만 허가제가 된다. 당연히 반발이 심했다. 1921년 전남 보성 향교에서 빚은 문묘용 제주(祭酒)를 주세령을 위반한 밀주로 규정, 압류한 것에 유림들이 거세게 항의, 10명이나 구속된 사건이 일어났다. 1년 6개월간 옥고를 치렀는데, 젊은 유림 2명은 유림대회를 개최하고, 전국 향교에 제주(祭酒)압류사건을 격문을 통해 알렸다.

이후 일제는 1934년 주세령 개정을 통해 향교 제주 임의 양조 등은 허가했으나, 자가 소비용 주류제조 면허제는 아예 폐지한다. 이제 개인은 절대로 술을 빚어서는 안 되는 시기가 온 것이다. 해방 이후로도 세수 확보를 위해 한국의 가양주 제조는 금지되다가, 1995년이 되어서야 자가 양조, 자가 소비에 한해 허용된다. 우리나라의 가양주 문화는 이때부터 겨우 다시 시작하게 된다.

　일본식 청주 공장이 한국의 고급 술 시장을 장악하니, 한국의 막걸리 양조장 역시 일본식 양조장의 영향을 받는다. 그래서 여전히 남아 있는 오래된 양조장은 일본의 적산가옥 형태로 보존된 곳이 많다. 무엇보다 술 설비 부분은 일본식일 수밖에 없었다. 그러니 어쩌면 당연하게도 양조 과정을 표현하는 말에 일본식 용어가 많이 쓰이기 시작한다.

　대표적으로는 효모를 증식하는 과정의 주모(酒母), 추가 발효를 하는 과정의 사입(仕込), 술을 아직 짜지 않은 상태의 모래미(일본명 もろみ) 등이 일본어에서 온 말이다. 가양주에서는 주모를 밑술로, 사입을 덧술로, 모래미를 술덧으로 표현한다. 경기도 농업기술원 이대형 박사에 따르면 일본의 누룩기술인 입국(粒麴)은 해방 이후에 한국의 막걸리 양조장에 도입되었다고 한다. 해방 전에는 강제적으로 한국의 전통주 문화가 단절된 것은 사실이나, 해방 이후에도 일본의 다양한 기술을 도입하거나 벤치마킹을 통해 발전해 온 것은 부정할 수 없다고 말한다. 우리 것이 무엇인지 알고 구별할 수 있는 기준이 필요하다.

　아쉬운 점은 이런 것을 구별할 수 있는 기준, 즉 관련 용어집 및 사전이 없다는 것이다. 구분하고 싶어도 자료가 너무 적다. 다행스럽게도 한국에는 전통주와 막걸리 문화와 산업에 뜻을 두고 일생을 바쳐 연구하고 교육하는 전문가가 많다. 이런 연구가와 전문가, 그리고 교육자들이 힘을 합쳐, 전통주와 막걸리의 전문 용어집, 즉 전통주 사전을 만들면 어떨까? 100년이라는 근대의 역사 속에서 이미

밀착되어 버린 일본식 조어를 당장에 대체하기는 어렵겠지만, 언젠가는 제 역할을 하게 될 것이다.

## 청주가 만찬주가 될 수 없는 이유

한국 사람이 가장 고급스럽다고 생각하는 한국 술은 무엇일까? 안동소주 같은 전통 소주도 있지만, 늘 제사상과 차례상에 올라가는 고급 발효주의 대명사, 청주가 아닐까. 유네스코 세계문화유산인 종묘제례 때에도 탁주와 동동주, 그리고 마지막에 청주를 사용한다. 중요한 행사에는 청주가 늘 격식 있는 술로 사용됐다. 그런데 최근 국가 만찬주로 선정되는 술 중에 청주의 이름을 찾아볼 수 없다. 대신에 약주가 그 자리에 있다. 얼마 전 트럼프 대통령 만찬 때 쓰였던 풍정사계 춘, 우즈베키스탄 대통령을 위한 만찬에 쓰인 솔송주, 조금 더 거슬러 올라가서 2014년 삼성 사장단 건배주였던 백련 맑은술과 자희향 모두 약주다. 왜 청주가 아니라 약주가 만찬주로 선정되는 것일까? 청주를 국가적 행사에 쓰면 안 되는 이유라도 있을까?

　결론부터 말하자면 청주가 만찬주로 선정되지 못하는 이유는 우리 전통방식으로 빚은 술이 아니기 때문이다. 주세법 시행령을 보면 "청주의 제조에 있어서 쌀의 합계 중량을 기준으로 하여 누룩을 100분의 1 미만 사용해야 한다"고 나와 있다. 전통주 빚기에서 가장 중요한 부분인 토종 전통 누룩을 1% 미만으로 쓰라는 것인데, 이는 사실 쓰지 말라는 말이나 다름없다. 대신에 주로 일본식 청주(日本酒)에

전통누룩. 이러한 전통누룩을 1% 이상 쓰면
청주라고 하지 못한다.

쓰이는 입국(粒麴)으로 만들어야 한다. 왜 이렇게 된 것일까?

앞서 설명한 대로 근대 청주의 역사는 일제의 침탈과 함께 시작
했다. 일제는 불평등조약인 강화도 조약을 맺은 10년 후 부산에 처
음 일본식 양조장을 열었다. 청주 공장들은 뱃길이 좋고 물류가 모
이는 부산, 마산, 군산 등에 많이 생긴다. 1905년 을사늑약 이후,
주세법이 발표되면서 집에서 술을 빚으려면 신고를 해야 했으며,
1930년이 되면 우리의 가양주는 기록에서 거의 사라진다. 동시에
일본은 술을 조선주와 일본주로 나누는데, 탁주와 약주를 조선주

(朝鮮酒)로, 자신들의 청주는 일본주(日本酒)의 이름에 넣는다. 결과적으로 청주라는 이름을 일본에 빼앗긴 것이다.

일제 강점기 시절의 술을 보면, 한국의 술인 탁, 약주는 브랜드는 커녕 제대로 된 용기도 없이 허름한 주전자나 나무 항아리에 넣어 팔았다. 당연히 고급 상품으로 인식되지 않았다. 반면 일본식 청주는 레이블을 붙인 유리병에 담아 팔면서 확실하게 고급 상품으로 자리를 잡았다. 유명했던 브랜드는 일본명 마사무네, 음독으로 '정종(政宗)'이다. 정종은 청주의 대명사처럼 불리면서, 차례나 제사상에 올리는 좋은 술은 정종이라는 인식이 자리잡는다. 참고로 청주를 일본어 음독으로 읽으면 세이슈(せいしゅ), 그리고 정종도 세이슈(せいしゅ)라고 읽는다. 일본어로 보자면 동음이의어(同音異義語)다. 그래서 일본에서는 아직도 이 정종이란 단어를 제품 및 사명으로 많이 쓴다.

그렇다면 일제강점기부터 현대까지 약 100년 역사를 가진 한국의 청주는 어떻게 발전해왔을까? 100년의 세월 동안 한국 청주만의 정체성을 지켜왔을까? 한국에서도 제조되는 최고급 국산 청주 두 제품을 살펴보았다. 흥미로운 것은 두 제품 모두 일본 사케랑 같은 등급 체계를 사용한다는 점이다. L사의 S 제품은 라벨에 '대음양주(大吟醸酒)', 도정률 50% 이상 등급*이라고 기입했으며, K사 제품은

---

* 일본의 사케는 도정율이 높을수록 고급 술을 지향한다.
  쌀 주변의 단백질, 지방 등이 깔끔한 맛을 방해한다고 판단하기 때문이다.

일본의 흩임누룩. 입국이라고도 부른다.
쌀을 찐 것에 균을 뿌린 것으로 주로 배양된 균을 사용한다.

'초특선(超特選)'이라는 옛 사케 등급을 표기했다.

　일반적으로 50% 이상 도정한 술을 대음양주(大吟釀酒)라고 하며, 최고급 술로 친다. 전체적으로 표기 및 디자인 모두 일본식 청주, 즉 사케를 지향하는 모습이었다. 실례로 이 두 제품의 맛은 일본의 고급 사케와 비교해도 전혀 뒤지지 않는다. 부드러운 목넘김, 풍부한 과실향, 긴 후미와 감미료가 들어가지 않은 자연스러운 맛, 누가 마셔도 좋은 사케임을 알 수 있을 만큼 뛰어난 술이다. 일본의 청주 기술이 들어온 지 100년, 기술은 발전했으며, 기술자들은 그 기술을 바탕으로 자신들만의 사케로 발전시킨 것이다. 하지만 일반 소비자들은 이 술을 전통주로 알고 구입하는 경우가 많다. 일본식 청주인데 전통주로 알고 마시는 건 너무 안타까운 일이다. 한국에서 태어난 일본식 청주, 하지만 전통주로도 보이는 아주 모호한 정체성을 가진 것이 지금 한국의 일본식 청주다. 차라리 외국에서 들어왔지만 이제 우리가 만드는 맥주나 위스키처럼 사케라는 이름을 붙이는 것이 합리적일지도 모른다.

## 청주를 청주라 부르지 못하고

우리의 전통 청주를 만들기 위해서는 약 15일~30일간 발효시킨 전통누룩과 우리 쌀, 그리고 물을 넣고 수 차례 발효를 시켜 100일 이상 숙성, 맑은 부분만 떠내야 한다. 거친다. 하지만 이렇게 정성껏 만들어도 전통 누룩을 쓴다면 청주라는 이름을 붙이지 못하고 약주로만 표기해야 한다. 청주와 약주의 차이는 오직 전통적인 누룩을 쓰냐 쓰지 않느냐에 따라 갈라진다. 약주라는 이름이 나쁘다는 게 아니다. 문제는 우리의 방식으로 만든 술에 청주란 이름을 아예 쓰지 못한다는 데 있다. 현행 전통주의 규정 범위는 문화재청이 인정한 무형문화재가 빚는 술, 농식품부가 인증한 식품명인이 빚는 술, 그리고 지역 농산물로 지역 농민이 빚는 지역 특산주 등 3종이다. 이상한 것은 우리 전통 방법으로 빚어도 전통주로 인증을 받을 수 없다는 점이다. 그래서 대부분의 전통주 양조장은 제조 방법을 통해 인증을 받는 것이 아니라 지역의 농산물을 원료로 사용해 '지역 특산주'로 전통주 인증을 받고 있다. 왜 우리 것을 우리 것이라고 인정할 수 없는 것일까? 《조선왕조실록》을 보면 청주란 단어가 무려 108번이나 등장한다. 멀리는 태종 때부터 가깝게는 영조, 그리고 조선 최후의 왕 순종 시기까지 기록이 보인다. 반대로 약주란 단어는 52번. 탁주는 불과 16번밖에 나오지 않는다. 발효주 중 궁중에서 가장 많이 쓰인 술이 청주임을 알 수 있다. 이제는 청주란 단어를 우리 전통주에서 쓸 수 있게 법령을 바꿔야 한다. 동시에 전통적인 방법으로 만들어지는 술이 '전통주' 인증을 받을 수 있도록 개정되어야 한다. 언제까지 외국 술을 지향한 술을 우리 전통주인 양 즐길 것이며, 우리 방식으로 만들었는데 왜 전통주라는 명칭을 붙이지 못하는가? 여전히 개선해야 할 것이 많다.

## 우리나라에서 가장 오래된 양조장 3곳

험난한 역사 속에서도 사라지지 않고 100년을 버틴 양조장들이 있다. 우리나라 최고(最古)의 양조장은 과연 어디일까?

1935년에 출판된 《조선주조사(朝鮮酒造史)》에 따르면 1915년 '인근 상회'라는 곳에 대한 기록이 있는데, 이것이 현재 고양시에 있는 배다리 술도가의 시초이다. 정식 양조 면허가 나온 것은 1928년이지만 이미 1915년부터 술 관련된 제조, 유통 등을 했다고 본다. 현재 배다리 술도가는 홍익대 건축학 석사 출신인 5대 박상빈 씨가 경영을 맡고 있다. 주변에는 서삼릉 누리길이라고 해서 유네스코 세계문화유산인 서삼릉, 서오릉 등이 있고 약 8km 떨어진 곳에는 임진왜란의 3대 대첩인 행주산성이 있다. 매년 10월에는 일산동구 문화공원에서 대한민국 막걸리 축제가 열린다.

지평 양조장 앞에서 훈련하는 UN군.
지평 양조장은 당시 UN군 기지로도 활용되었다. 뒤로 지평 양조장이 보인다

　　현존하는 정식 양조장 중 주류면허 취득을 기준으로 가장 오래
된 곳은 1925년 설립된 경기도 양평군 지평면 지평리에 위치한
'지평 양조장'이다. 오동나무로 된 틀에 밀 흩임 누룩(입국)을 만드
는 방식을 고수하고 있는 이곳은 건물조차도 1920년대 지어진 일
제강점기의 건물 그대로다. 한국전쟁 시에는 UN군 기지로도 활용
되기도 했다. 90년대에는 MBC 드라마 '아들과 딸', 2003년도에는
SBS 드라마 '술의 나라' 등의 배경이 되기도 했으며, 2010년도에는
CNN에도 방영, 막걸리 문화를 전 세계로 전파하기도 했다.

　　두 양조장이 수도권에 있는 양조장이라면, 영양 양조장은 경북에
서 울릉도 다음으로 오지로 알려진 영양군에 있는 양조장이다. 등
기상으로는 1926년도에 설립된 것으로 알려져 있는데, 당시에 등

출처 | 영양군청

영양 양조장

기가 나오기 전 군지(郡誌 군의 연혁을 기록한 책)에 1925년 주조장 인가
가 나왔다고 한다. 벽에 금 하나 없는 압록강 적송으로 지은 83년
된 건물 그대로이며, 나무못을 쓴 구조 역시 지금 건축물들과 비교
하면 특별함이 느껴진다. 옛날 양조장 모습 그대로 아직도 우물을
쓰고 있다. 그리고 전화 6이라는 푯말이 있는데, 영양군에서 6번째
로 전화기가 설치된 곳이기 때문이다. 관공서가 1번부터 5번까지
차지하고, 6번째가 영양 양조장이다. 당시의 영양군 경제에서 양조
장이 차지하는 위치를 잘 알 수 있다. 쌀과 밀을 50대 50으로 블랜
딩한 막걸리를 제조하고 있으며, 근처에는 한국 3대 정원이라 알려
진 서석지(瑞石池·영양군 입암면 연당리 394-1)가 있으며, 전통가옥 30채
가 남아 있는 집성촌 두들 마을에는 현존하는 가장 오래된 한글 요
리책《음식 디미방》을 집필한 안동 장 씨의 생가가 있다.

# 현대의 한국 술 문화

××× 

1965년 발표된 양곡관리법은 근대 한국의 술 문화를 획일화시킨다. 이른바 순곡으로는 술을 빚어서는 안 된다는 법이다. 1990년에 정식 철폐된 이 법 때문에 순수한 지역의 농산물로 빚는 술은 모두 사라진다. 1980년대 초반까지 맥주는 고급 술이었으며, 위스키는 WTO의 요청에 따라 희석식 소주와 같은 세율을 매긴다.

　1945년 해방을 맞으며 한국의 술은 일제강점기라는 멍에에서 드디어 벗어난다. 하지만 여전히 만성적인 식량 부족 상황에서 쌀로 술을 빚기는 어려웠다. 주정의 원료도 1952년부터 곡류가 아닌 당밀로 썼고, 1962년부터는 고구마를 썼다. 1965년 1월에 발표된 양곡관리법 이후에는 농산물로 만드는 증류식 소주마저 금지되고, 1966년도에는 아예 막걸리에 쌀을 사용하는 것이 금지된다. 이런 배경에서 탄생하는 것이 밀 막걸리이다.

　막걸리는 1970년대까지 최고의 수요를 자랑했는데, 특히 1974년도에는 주류 총 출고량의 74%까지 차지한다. 하지만 막걸리에 카바이트를 넣었다는 풍문과 철저하지 못한 위생 관리, 변화하는 소비자의 니즈에 부응하지 못하면서 내리막길을 걷는다. 가장 큰 이유는 맥주 주세의 변화인데, 1996년까지 150%를 유지하던 맥주 주세가 대중주를 표방하며 72%까지 내려가면서 맥주와 소주, 그리고 막걸리의 가격 차이가 더욱 줄어든 것이다.

## 한국 전통주의 부활

사라진 전통주 문화는 1982년 전통주 발굴 및 무형문화재 지정 등
으로 부활하기 시작한다. 정부가 전통주 등에 대해 무형문화재 지
정을 검토한 이유는 1986년 아시안게임, 1988년 서울올림픽을 맞
이해 외국인에게 한국의 술이 무엇인지 알려야 할 필요가 있었기
때문이다. 그런 이유로 전통주를 빚는 기능인들이 중요 무형문화재
로 선정된다. 대표적인 술이 이번 남북 정상회담 건배주로 채택된
문배주, 면천두견주, 그리고 최부잣집 가양주인 경주교동법주다.
이후 안동소주, 소곡주, 이강주 등은 시도 무형문화재가 된다.

70년대 말에 간헐적으로 시행되던 쌀 막걸리 허가는 90년에 들
어서야 정식으로 시행되고, 이때부터 본격적으로 쌀 막걸리가 등
장한다. 하지만 대부분 비축미 또는 수입 쌀이었다. 1995년 12월에
이르러야 가양주 금지 정책이 없어진다.

2000년, 막걸리의 지역 판매 제한이 철폐된다. 그전까지는 우리
동네 막걸리는 우리 동네에서만 팔아야 했다. 남이 들어오지도 못
했고, 내가 나가지도 못했다. 하지만 이제부터는 남도 들어올 수도
있고, 내가 나갈 수도 있는 것이다. 막걸리 업체간의 약육강식과 적
자생존이 본격적으로 시작된 것이며, 이때부터 대기업들이 슬슬 막
걸리 산업에 손을 대기 시작한다.

## 일본 닛케이가 선정한 트랜디한 상품 막걸리

2010년도 막걸리 붐이 불면서 무첨가 막걸리, 장기숙성 막걸리 등

프리미엄 막걸리 등이 등장한다. 그리고 2010년도부터는 일본으로 수출하는 양이 급격히 증가, 최대 5천만 달러의 수출량을 기록, 일본의 경제신문 닛케이가 선정한 올해의 트렌드 7위에 오르기도 한다.

2011년 막걸리 수출량이 5,276만 달러까지 올라갔다. 그보다 5년 전인 2006년에 250만 달러에 비하면 21배나 커진 금액이다. 이 중 92%(4842만달러)가 일본으로 수출된 것이다. 하지만 이런 호황은 오래가지 못하고 2015년도에는 1290만달러, 대 일본 수출은 600만 달러로 떨어진다. 갑자기 이렇게 떨어진 이유는 무엇일까? 아니, 애초에 일본은 왜 그렇게 막걸리를 찾았던 것일까?

2011년 일본 유력 일간지인 산케이 신문은 막걸리의 매력을 이렇게 분석한다. 아이보리 컬러, 낮은 알코올 도수(6도 전후), 탄산, 그리고 생(生)이다. 유산균이 많아 피부미용에도 좋다는 평 덕에 막걸리 팩, 막걸리 비누 같은 파생 상품도 많이 나왔다. 당시 광고를 보면 잠옷을 입은 여성이 자기 전에 막걸리를 한잔하는 모습이 나온다. 일본 내 막걸리 붐은 2006년도를 본격적인 시작으로 보는데, 당시는 겨울연가를 시작으로 한 한류 붐이 최고였던 시기이다.

이런 막걸리 붐을 타고 한국에서는 절대 볼 수 없는 진로 막걸리가 일본에서 탄생한다. 진로가 직접 만든 막걸리가 아니라, 국내 양조장과 계약해 진로 이름으로 수출하는 OEM 방식이었다. 애초에 진로는 막걸리를 팔 생각이 없었다. 갑자기 진로에서 막걸리 사업에 뛰어든 이유는 무엇일까. 바로 2008년도 가을 일본에서 시행된 설문조사가 계기가 되었다. 일본의 한 리서치 업체가 일본인을 대상으로 한국

| 년도 | 1973 | 1991 | 1994 | 2000 | 2005 | 2007 | 현재 |
|---|---|---|---|---|---|---|---|
| 맥주 | 150% | 150% | 150% | 72% | 80% | 72% | 72% |
| 희석식소주 | 35% | 35% | 35% | 72% | 72% | 72% | 72% |
| 위스키 | 160% | 150% | 120% | 72% | 72% | 72% | 72% |
| 탁주 | 10% | 10% | 5% | 5% | 5% | 5% | 5% |
| 과실주 | 25% | 30% | 30% | 30% | 30% | 30% | 30% |

○
주세의 변화

막걸리 브랜드 40종 중에서 가장 기억에 남는 막걸리가 무엇이냐고 조사를 했는데 진로 막걸리가 2등을 한 것이다. 당시 진로 막걸리라는 건 존재하지도 않았는데 말이다! 소주 브랜드로 이미 이름이 알려진 진로와 한국의 술 막걸리와 이어지면서 있지도 않은 진로 막걸리가 탄생한 것이다(당시 1등은 이동 막걸리). 이에 진로는 부랴부랴 막걸리 양조장과 계약을 맺고, 2010년도부터 본격적인 수출을 시작한다. 진로가 들어왔으니 마케팅이 활발해졌고, 2008년도부터 2012년도까지 이어진 엔고는 수출을 더욱 부채질했다.

그리고 막걸리 붐을 일으킨 중요한 사건이 또 하나 있다. 일본의 최대 음료 회사 중 하나인 산토리 그룹의 막걸리 시장 진출이다. 맥주와 위스키로 유명한 바로 그 산토리다. 산토리 그룹은 롯데주류, 그리고 서울장수주식회사와 제휴해 일본에 캔막걸리를 출시하는데, 이 제품이 일본에서 대박을 터트린다. 당시 일본에서 인기를 언고 있던 한국 배우 장근석이 이 제품의 광고를 찍어 화제가 되기도 했다.

진로와 산토리의 진출, 몇 년 동안 이어진 엔고(円高), 일본 내 막걸리 붐은 이상할 정도로 아귀가 딱딱 맞아떨어졌다. 그리고 일어나서는 안될 비극적인 사건이 발생하는데, 바로 동일본 대지진이다. 2011년 3월 11일에 일어난 지진 때문에 당시 센다이 등에 있던 기린맥주 공장과 삿뽀로 맥주 공장이 가동을 멈춘다. 특히 기린 맥주 공장은 복구에 수 개월이 걸리면서 마트 맥주 진열대가 비는 지경까지 이른다. 그리고 이 공백을 매꾼 것이 바로 산토리 막걸리였다.

모든 업체가 그런 것은 아니지만, 주요 막걸리 수출업체는 일본 수출용 막걸리에, 내수용 막걸리보다 인공감미료 아스파탐 등을 두 배로 넣는다. 일본인이 단맛을 좋아한다는 이유 때문인데, 초기에는 친근한 단맛 덕분에 다가가기 수월했을지 몰라도 금방 물리기도 쉽다는 점을 간과한 것이다. 단맛 음료는 다양한 음식과 즐기기 어렵고 그러다 보니 질리기 쉽다.

더불어 2012년도 말부터는 본격적인 엔저(2014년 6월12일 100엔당 885원까지 떨어짐)가 시작된다. 엔저는 지금까지도 지속하고 있고, 2008년(최고 100엔당 1,616원 3월 2일), 2011년 말(100엔당 1,500원) 같은 엔고는 다시 찾아오지 않았다. 수출을 할 만한 상황이 지나간 것이다. 거기에 혐한(嫌韓)데모와 맞물려 막걸리 업계로서는 최악의 상황을 맞았다..

일본 수출용 캔 막걸리에는 감미료를 두 배로 넣었던 만큼, 우리가 마시던 막걸리 맛과는 매우 달랐다. 쌀의 풍미가 살아 있는 우리의 막걸리 문화 자체로 일본 시장에 승부수를 던지지 못한 것이다. 결국 수출은 급감했고, 다시 진입하기까지 오랜 시간이 걸릴 것으로 보고 있다. 그래도 희망은 있다. 일본 소비자에게 막걸리라는 주종을 확실히 각인시킨 것이다. 지금도 일본의 이자까야에서는 대부분 막걸리를 팔고 있다. 게다가 2016년도부터 미약하나마 일본으로 수출되는 막걸리가 조금씩 늘고 있다. 이제 거품을 걷어낸 우리 막걸리의 진짜 매력을 보여줄 때다.

## 사케 양조장들이 막걸리를 만들기 시작했다?

일본의 사케는 20년 가까이 하향 곡선을 타고 있다. 내수가 줄고 있다는 뜻이다. 수출은 꾸준히 상승 곡선이지만, 일본 국내 수요는 계속 줄고 있다. 젊은 세대에게 맥주 같은 저알코올 술에 대한 선호가 높아졌기 때문이기도 하지만 일단 사케가 가지고 있는 올드한 이미지 때문이다.

전국에 3,000개가 넘었던 사케 양조장은 반 이상이 폐업, 현재는 1,400개에도 미치지 못한다. 이유는 맥주나 하이볼(위스키 탄산 칵테일) 같은 가벼운 술의 약진 때문이다. 일본 소비자들은 저렴한 가격에 알코올 도수가 낮아 편하게 마실 수 있는 주류로 점점 옮겨갔다. 현재 일본의 주류 시장 중 사케가 차지하는 비율은 금액으로 6~7% 내외에 불과하다.

이렇게 하향세였던 사케 시장에 2010년 전후로 새로운 주류가 하나 등장한다. 바로 막걸리. 저도수에 탄산, 아이보리 컬러의 막걸리는 특히 여성 소비자들 사이에서 핫이슈 아이템으로 떠올랐고, 2011년도에는 일본경제신문 올해의 키워드 7위로도 선정이 된다. 흥미로운 것은 2011년도 바로 다음 해부터는 일본 사케 시장도 16년 만에 내수 반등을 꾀했다는 것이다. 이때 산케이 신문은 이렇게 자국 내 사케 시장의 반등을 막걸리의 영향으로 분석했다. 그 이유는 바로 생(生)이라는 특성이다. 유산균이 '살아 있다'는 정체성이 소비자들 사이에 화제가 되었고, 이를 유심히 지켜보던 사케 양조장이 벤치마킹을 통해 신선하고 상쾌한 생(生) 사케라는 이미지를 알려 소비자에게 어필했다는 것이다.

그리고 신기한 일이 하나 더 일어난다. 일본의 양조장이 사케가 아닌 막걸리를 만들기 시작한 것이다. 그것도 일본 탁주의 전통 용어인 도부로크(どぶろく), 니고리슈(濁り酒)란 용어를 쓰지 않고, 일본식 막걸리 명칭인 맛코리(マッコリ)란 이름으로. 아저씨 술이라는 이미지를 가진 일본의 사케가 젊은 여성에게 다가가려는 것이 그 목적이었다.

이렇다보니, 일본의 사케 양조장은 막걸리 제조에 상당히 공을 기울이는 곳이 많다. 뉴욕에 수출을 한다든지, 한국의 막걸리는 위생적이지 않으니 현지에서 빚은 일본 막걸리를 마셔야 한다는 블랙 마케팅을 하기도 했다. 또한 한편으로는 한국의 기술자를 초청하거나, 한국에서 만든 페트병을 수입하기도 한다. 사케처럼 겨울에만 빚는 술이 아니니, 매출 역시 늘어나는 것은 당연지사다.

일본에서 생산되는 다양한 일본산 막걸리와 한국에서 수출하는 막걸리

16년 만에 찾아온 활기에 힘입어 일본 사케 업계도 다양한 사케를 출시한다. 특히 여성 소비자를 타깃으로 알코올 도수 8~10도 정도의 스파클링 사케를 중점적으로 홍보한다. 최근에는 야구장 같은 곳에서 즐길 수 있는 생사케도 등장했다. 고베 및 교토처럼 양조장이 많이 모여 있는 관서 지방 중심으로, 생사케를 맥주처럼 서버에 넣고 판매하는 업소들이 생겼다. 사케의 소비층을 확산하고, 맥주의 활동 영역에 진입하겠다는 의미다. 장기간 숙성시킨 빈티지 사케도 등장했다. 2006년부터 시작된 사케 100년 숙성 프로젝트로, 기존의 사케는 단순히 2~3달, 길어야 1년의 숙성 기간을 가졌는데, 최근에는 고주(古酒)라고 하여, 3년, 5년, 10년, 30년까지 숙성시키며 다양성을 추구하고 있다. 그것도 단순한 병입 숙성이 아닌 바닷속 및 산 정상 등 기발한 장소까지 시도되고 있다.

물론 사케 시장이 완벽한 상승세를 탔다고 보기는 어렵다. 하지만 현재 일본의 사케 양조장들은 홍미, 녹미 등으로 다양한 사케를 제조하거나, 와인용 효모를 사용하고 오크통에 넣어 숙성하는 등 이제까지 신성시되었던 불문율들을 하나하나 깨트리며 사회적 이슈를 만들어 나가고 있다. 이런 노력으로 2016년도에는 사케 수출액 1,500억 원을 달성하기도 했다. 그러면서도 지역 문화를 담은 프리미엄 사케에 대한 노력 역시 멈추지 않아, 프리미엄 사케의 매출은 꾸준히 늘고 있다. 우리와 마찬가지로 빨리 취하는 음주 문화보다, 맛을 음미하고 지역 문화를 느낄 수 있는 술에 대한 관심이 늘고 있는 것이다. 결국 싼값으로 대량 공급하던 주류는 쇠퇴하고 있으며, 고부가가치를 창출하는 사케 시장은 커지고 있다는 뜻이다. 일본의 사케 시장을 숫자로만 해석한다면 시장이 작아지는 것처럼 보일 수 있으나, 문화적인 폭은 더욱 깊고 넓어지고 있다.

### 다시 막걸리로 돌아와서

막걸리의 나비효과로 사케 산업이 다시 힘을 얻었다는 이야기는 막걸리의 매력을 그들이 인정했다는 뜻이다. 일본에서 만들기 시작했다는 막걸리 역시 우리 전통주의 세계화 측면에서 분명히 좋은 일이다. 다만, 일본이 이처럼 막걸리 빚기에 공을 들이는 데 반해 우리가 노력하지 않는다면 어떻게 될까. 그래서 일본이 먼저 막걸리의 세계화를 한다면, 세계에 우리의 막걸리를 알릴 기회를 놓칠 수 있다. 우리는 한국의 막걸리 정체성과 정의를 더욱 확고히 할 필요가 있다. 한국의 막걸리는 어떻게 만들어야 한다는 국제적 규격이 없다. 여전히 수입 쌀로도 많이 빚고, 누룩균 역시 모두 한국 토종이 아니다. 심지어 만드는 방법까지도 일본에서 도입한 기술을 바탕으로 진행하는 곳이 많다. 이래서는 막걸리의 정체성이 흔들릴 수밖에 없다. 일본의 막걸리 수출량은 2011년도 5천만 달러에서 지금은 1천만 달러로 급 하락했다.

일본의 사케 산업에 새로운 힌트를 전달한 막걸리, 그 가치를 보존하기 위해서라도 우리 농산물과 토종 누룩균을 적극 사용해 우리만의 문화가 담긴 산업으로 발전시켜야 한다. 다행이 최근 주목 받는 양조장들이 만드는 무첨가 막걸리 및 전통주들은 토종 누룩균에 우리 지역 농산물을 쓰는 경우가 많다. 이제 겨우 막걸리의 가치를 알아가고 있는 중이다.

기뻐서 마실 때에는 절제가 있어야 하며, 피로해서 마실 때에는 조용해야 한다. 점잖은 자리에서 마실 때에는 소쇄(瀟洒)한 풍도가 있어야 하며, 난잡한 자리에서는 규약이 있어야 한다. 처음 만난 사람과 마실 때에는 한가롭고 우아(閒雅)하게 하면서 진솔(眞率)하게 마시되, 잡객(雜客)들과 마실 때에는 꽁무니를 빼야 한다.

마시는 데는 5가지 좋은 일이 있다.
시원한 달이 뜨고, 좋은 바람이 불고, 유쾌한 비가 오고, 시기에 맞는 눈이 내리는 때가 첫 번째로 맞는 일이며, 꽃이 피고 술이 익을 때가 둘째로 맞는 일이다.

우연한 계제에 술을 마시고 싶어 하는 것이 세 번째 맞는 일이며, 조금 마셔도 흥이 난다면 네 번째요, 처음에는 울적하다가 다음에는 화창하여 담론(談論)이 활발해지는 것이 다섯 번째 맞는 일이다.

- 허균《한정록》

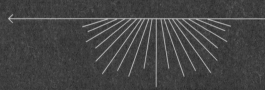

# PART 2

# 전통주
# 만나러 가볼까?

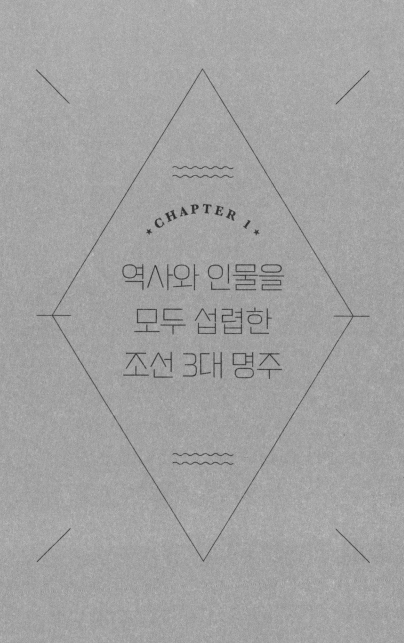

CHAPTER 1

역사와 인물을
모두 섭렵한
조선 3대 명주

**명욱** 제일 좋아하는 술 3종류를 말해주실래요?

**창완** 이건 주당을 괴롭히는 질문이네요. 어느 것 하나 아깝지
않은데 어찌 3가지만 고르나요.

**명욱** 그래서 최남선이 대신 해줬습니다. 조선에서 가장 유명
한 술 3가지를 꼽았는데, 그게 감홍로, 이강주, 죽력고입
니다. 대체 얼마나 맛이 뛰어나면 그 많은 술 가운데 세
손가락 안에 들었을까 궁금하지 않으십니까.

**창완** 아, 당장 맛을 보고 싶네요.

**명욱** 명맥이 끊긴 전통주가 정말 많은데, 이 세 종류의 술은
지금 이 순간에도 누군가 정성껏 빚고 있습니다. 마시고
자 하는 의지만 있다면 언제든 마실 수 있으니 걱정하실
필요 없습니다.

## 아이스크림을 곁들여 마시는 술, 감홍로

××× 

감홍로는 유명한 술이다. 육당 최남선은 《조선상식문답》이라는 책에서 조선에서 가장 유명한 술로 죽력고, 이강고와 함께 감홍로를 꼽았다. 그 많은 전통주 중에 세 손가락 안에 들었으니, 100년 전부터 인정받은 인지도 아닌가. 감홍로는 크게 두 종류가 있는데 지초의 함량이 높아 붉은 색을 띄는 관서 감홍로, 그리고 국가의 약재를 담당하던 내국에서 빚던 황금빛 내국 감홍로 두 가지다. 육당 최남선이 언급한 감홍로는 붉은 빛깔이 특징인 '관서 감홍로'. 그리고 현재 복원된 감홍로는 황금빛을 가진 내국 감홍로로 1924년 발간된 《조선무쌍신식요리제법》의 기록으로 복원해냈다. 둘의 가장 큰 차이는 지초의 함량으로 색이 좀 다를 뿐, 뿌리는 같다.

감홍로는 우리에게 친근한 고전 소설, 가람 이병기 선생의 《춘향전》에도 등장한다. 이몽룡을 위해 춘향이가 차린 주안상에는 국화주, 송엽주, 백화주, 이강고 등 다양한 전통주가 등장하는데, 특히 이몽룡을 필사적으로 잡으려고 춘향이가 준비한 술이 바로 감홍로이다. 가장 좋은 술로 유혹해서 최대한 늦게 가게 하려는 춘향이의 마음을 엿볼 수 있다. 《별주부전》에서는 거북이가 토끼를 회유하기 위해 용궁에 가면 감홍로가 있다고 말하는 장면을 볼 수 있고, 그리고 시와 그림에 능했던 조선 최고의 기생인 황진이는 서화담을 빛이 붉고 맛이 강한 감홍로에 빗대기도 했다. 맛과 품위가 남달랐던

감홍로의 다양한 병

것은 틀림이 없다.

> **창완** 감홍로를 더 특별하게 즐기는 법이 있을까요?
>
> **명욱** 아이스크림에 뜨거운 에스프레소 샷을 부어서 먹는 아포
> 가토처럼 아이스크림 위에 부어서 같이 먹는 방법이 있
> 어요. 아, 이건 정말 누구도 거부할 수 없는 맛입니다.
>
> **창완** 아이스크림이랑 어울린다면, 다른 달콤한 디저트하고도
> 잘 맞겠네요.

감홍로가 만들어지는 곳은 현재 경기도 파주시 부곡리에 위치한 '농업회사법인감홍로'. 2005년부터 감홍로를 복원하기 시작한 농식품부 식품명인 이기숙 명인과, 남편인 이민형 대표가 그 주인공

○
용안육

이다. 감홍로를 시작하게 된 배경은 중요무형문화재 문배주의 기능
보유자였던 고 이경찬 옹이 이기숙 명인의 아버지이기 때문이다.
평양 최대의 양조장을 하던 이 집안은 한국전쟁 1.4 후퇴 때 남으로
내려왔으나, 늘 평양의 전통주를 복원하고 싶은 갈망이 있었다. 하
지만 1964년도부터 쌀로 술을 빚으면 안 된다는 양곡관리법 때문
에 제대로 된 복원을 하지 못하던 중, 1986년 문배주의 이경찬 옹
이 중요무형문화재로 지정이 되면서, 감홍로에 대한 복원도 본격적
으로 검토에 들어가게 되고, 2005년 허가를 받으며 정식으로 감홍
로를 만들게 되었다. 이런 노력이 인정되어, 감홍로를 빚는 이기숙
명인은 2012년 농림축산식품부 식품명인 제 43호로 등재된다.

**창완** 전통주 감홍로 재료 중 아주 특별한 재료가 눈에 띄네요.

**명욱** 네, 열대과일인 용안육이 들어가요. 중국집에서 후식으
로 나오는 과일 리치, 이게 한약재로 쓰일 땐 용안육이라
고 해요. 이 용안육 덕분에 감홍로는 이름처럼 달콤한 술
이 되었지요.

**창완** 맛있는 술을 만들기 위해서라면 남의 것도 잘 빌려다 쓴
조상님들, 본받을 만한 오픈마인드네요.

감홍로는 그 이름 그대로 단술이다. 알코올 도수 40도를 넘는 소
주지만 단맛이 그대로 살아 있다. 이유는 바로 열대과일인 용안육
이 들어가기 때문. 용안육은 무환자나무과라는 용안의 열매로 주로
베트남, 광동 지방의 열대과일이다. 조선시대에는 신경과민, 불안
초초, 우울증을 해소하는 약재로 효능이 좋아 당시부터 수입해서
사용했다. 1924년 발행된 《조선무쌍신식요리제법》에는 이 용안육
을 사용한 감홍로 제법이 기록되어 있다. 열대과일의 달콤함이 독
한 소주에 더 특별한 매력을 더해준다. 식감은 곶감 같은 느낌이다.

대한민국의 전통소주는 보통 2, 3번 증류를 하는 경우가 많다. 이
렇게 증류 횟수가 많아지면 알코올 도수가 높아지고 보다 깨끗한
맛이 나오기도 하는데, 감홍로가 이에 해당된다. 메조와 쌀로 술(술
덧)을 빚고, 이후 이 술을 2번 증류해 감홍로 원주를 얻는다. 여기에
용안육, 진피, 계피, 정향, 감귤, 지초 등을 넣고 1년 이상 숙성을 시
키면 황금빛의 감홍로가 완성된다. 추운 지방인 평양의 술인 만큼,

감홍로

몸을 따뜻하게 하는 약재가 많이 들어가 있다. 대표적인 것이 계피, 생강, 정향, 감귤, 진피 등이다. 감홍로의 이기숙 명인, 이민형 대표가 감홍로를 빚으면서 가장 아쉬웠던 부분은 모든 재료를 국내산으로 조달할 수 없었던 것이다. 특히 감홍로에 들어가는 메조는 국내에서 거의 생산되지 않아 어쩔 수 없이 수입산을 쓸 수밖에 없었다.

감홍로의 이민형 대표는 문헌에 근거하는 모든 농산물은 모두 우리나라에서 재배돼야 한다고 주장한다. 획일적인 식문화로 다양한 곡물이 사라지고, 수입농산물에 의존한다면, 전통주를 떠나 진정한 한식 문화를 만들 수 없다고 생각하기 때문이다. 동시에 우리 농산물에 제값을 치러야 한다는 말도 같이 덧붙였다. 제값을 줘야 농산물도 더욱 좋아지고, 좋은 농산물을 사용한 우리 술도 더욱 좋

감홍로와 아이스크림, 그리고 디저트

아지기 때문이다. 이러한 철학 덕분일까, 감홍로는 이탈리아 브라에 본부를 두고 있는 비영리 국제기구 국제슬로푸드의 전통음식과 문화보전 프로젝트인 '맛의 방주'에 등록되어, 보호해야 할 한국의 슬로푸드로 인정받았다.

감홍로는 오래된 문헌에도 나오는 우리 고유의 전통주지만 그 맛과 풍미를 즐김에 있어서 고정관념을 깰 필요가 있다. 앞서 설명한 것처럼 바닐라 아이스크림, 또는 호두 아이스크림하고도 잘 어울리며, 최근에는 요구르트에 뿌려 즐기기도 한다. 겉모습은 전통이지만 알고 보면 그 속살은 힙한 트랜드로 똘똘 뭉쳐 있는 것이 감홍로라는 매력적인 술이다.

**대표상품** | 감홍로

**유형** | 증류식 소주(주세법상 일반 증류주) **알코올 도수** | 40도

**재료** | 멥쌀, 좁쌀, 용안육, 진피, 정향, 생강, 감초, 지초

**제조사** | 농업회사법인감홍로 **주소** | 경기 파주시 파주읍 윗가마울길 149

**전화번호** | 031-954-6233 **견학 및 체험** | 별도 상담

## 내가 바로 진짜 과실소주, 전주 이강주

××× 

2015년 전후, 대한민국에는 특이한 주류 열풍이 불었다. 소주에 단맛이 있는 과실을 넣어 독한 소주의 맛을 부담스러워하는 층에게 강력하게 어필했던 과실소주들이다. 과실이 들어가 기존의 독한 알코올 맛을 잡았고, 이름까지 특이해 폭발적인 매출 성장을 이루었다. 그렇다면 우리 문헌에는 어떤 과실소주가 있었을까?

바로 육당 최남선이 《조선상식문답》에서 언급한 고급 약소주, 배(梨)와 생강(薑)의 풍미가 그대로 살아 있는 이강주(梨薑酒)다.

현재 이강주 양조장이 위치한 곳은 전주시 덕진구 원동이다. 이강주 양조장 입구는 평범해 보이지만 양조장 뒤로 가면 넓고 넓은 5천 평 규모의 배 과수원이 나타난다. 이강주의 가장 중요한 원료 중 하나인 배가 재배되는 곳이다. 전라도 지역에서 배로 유명한 곳이라 하면 흔히 나주를 떠올리지만 전주 역시 배로 무척 유명하다. 1930년대부터 본격적으로 재배해 1999년도에는 전주를 대표하는 5대 특산물에 선정되기도 했다. 원동의 배 과수원은 일조량이 좋은 능선에 있고, 주변에 햇볕을 가릴 만한 요소가 전혀 없으며, 일교차가 커서 튼실하고 당도 높은 배를 생산한다. 전주의 배 주산지는 바로 이 원동과 중인동 일대에 있으며 총 180ha의 규모이다.

이강주에 대한 기록은 다양한 문헌에서 발견된다. 조선 후기 서유구의 《임원경제지》, 유중림의 《증보산림경제》 같은 농업 책이 대

꽃이 지고 열매가 열리고 있는 배. 이강주 양조장 뒤에는 드넓은 배밭이 있다

표적이다. 이후 1925년 《조선무쌍신식요리제법》, 그리고 육당 최남선이 조선의 상식을 문답식으로 정리해놓은 《조선상식문답》에도 기록이 남아 있다. 이강주의 기원은 두 곳이라고 전해지는데 한 곳은 지금 만들어지는 전주, 또 하나는 황해도 봉산이다. 이강주에는 배와 생강 외에도 울금과 계피, 그리고 꿀이 들어가는데 전주에서 난 울금은 왕에게 진상할 정도로 질이 좋기로 유명했고, 황해도 봉산은 배로 유명했다. 이강주가 전주에 정착한 배경에는 태조 이성계와 동고동락을 같이 한 개국공신 조인옥의 영향이 컸는데, 바로 동방사현 중 한 명인 조광조를 배출한 한양 조 씨 가문이다. 구한말에는 그 후손이 전주(완산)의 부사로 오면서 가양주로 이강주를 빚고, 이 전주 부사의 손자가 지금의 이강주를 빚는 조정형 명인으로 이어진다.

○
숙성 중인 이강주

이강주가 세상에 다시 등장한 것은 1987년, 이 해에 이강주를 빚는 조정형 명인이 전북의 무형문화재로 지정되면서부터다. 그때부터 이강주 복원이 본격적으로 시작되는데, 집안의 반대가 엄청났다고 한다. 술 빚는 것은 여자의 일이지 남자가 할 일이 아니라는 고정관념 때문이다. 유교적인 집안에서 술 빚기는 늘 여자의 몫이었다. 마치 요리는 남자가 할 일이 아니라는 편견과 비슷하다. 하지만 조정형 명인은 이런 반대를 무릅쓰고 가사를 탕진하면서도 전국의 토속주와 가양주에 대한 자료를 찾아 다니며 더욱 연구에 매진했다. 그리고 1989년 《다시 찾아야 할 우리술》을 발간, 1990년 이강주 양조장 설립, 1996년 농식품부 식품명인 9호로 지정, 2003년에는 《우리 땅에서 익은 우리 술》이라는 책까지 발간한다. 이강주에만 매달린 것만 30년, 그리고 다른 술의 연구까지 포함하면 50년

다양한 이강주

이상을 전통주와 보낸 것이다.

**창완**  이강주는 정말 오래 전부터 내가 좋아하는 술이에요. 이
강주야말로 배의 은은한 맛을 가장 고급스럽게 즐기는
방법이 아닐까요.

**명욱**  배는 원래 귀한 것으로 취급했죠. 그 좋은 배를 넣어 6개
월, 각각 다른 재료들 넣고 발효한 술과 함께 1년에서 3
년을 다시 숙성시킨 술. 그 시간 동안 배와 생강의 향이
술에 천천히 녹아들어서, 맛이 나쁠래야 나쁠 수가 없습
니다.

**창완**  귀한 배가 있으니 그걸 이용해 술을 빚는다. 그리고 그
술은 다시 조선 최고의 술로 인정을 받고, 생각해보면 아

주 자연스럽네요.

현재 이강주는 쌀과 누룩 그리고 배와 생강과 계피 그리고 꿀로 만들어진다. 잘 발효된 술덧(술 원액)을 증류해 소주를 뽑아내고, 이후 각각의 발효주에 배와 생강 등의 재료를 넣고 숙성을 시킨다. 여기서 중요한 것은 하나의 발효 통에 재료를 다 넣고 발효하는 것이 아니라, 각각의 통에 원료를 따로따로 넣어 발효시킨다는 점이다. 배나 생강이 늘 같은 맛일 수 없으므로, 별도 관리해가며 맛과 향을 철저하게 분석하기 위해서다. 이렇게 개별 숙성을 6개월, 하나의 통으로 옮겨 1년 이상 숙성을 거치는데, 상황에 따라서는 3년 이상 장기 숙성을 하는 경우도 있다.

> **창완** 이렇게 좋은 술은 취한 상태로 마시기는 정말 아깝네요.
>
> **명욱** 맞는 말입니다. 맛과 향을 제대로 느낄 수 있도록 조금씩 음미하는 게 좋죠. 위스키처럼 온더록스로 즐기는 것도 추천합니다. 얼음이 점점 녹으면서 느껴지는 맛도 달라지거든요.

현재 시판되는 이강주는 증류식 소주로는 비교적 낮은 도수인 19도부터 3년 이상 숙성한 38도까지 다양한 제품이 있다. 19도 이강주는 원래 수출용으로 만들어졌으나, 최근에는 서울 강남이나 홍대, 광화문의 레스토랑에서 부드러운 맛의 전통 소주로 인기를 얻고 있다. 25도는 역시 19도에 비해 맛이 진하고, 배의 달콤함과 생강의 향긋함, 그리고 따뜻한 목넘김이 인상적이다.

재미있는 것은 첫 잔에는 배 맛이 두 번째 잔에는 생강이 세 번째에는 계피가 마지막에는 꿀 맛이 느껴진다. 이렇게 마실 때마다 혀끝에서 색다른 맛을 느낄 수 있는 것이 이강주가 가진 매력이기도 하다. 특히 얼음을 넣어 온더록스(On The Rocks)로 마시면 얼음이 그 맛을 하나씩 살려준다. 취하기 위해 마시는 술이 아니라 맛을 음미하는 전통주 문화의 표본이 될 만하다. 최근에는 가루로 만든 이강주도 개발하고 있다. 이강주가 어디까지 발전할지 궁금해진다.

한국에는 이강주를 포함해서 좋은 전통소주가 많다. 그리고 최근에는 전통소주를 만드는 양조장들이 문호를 개방해 체험, 견학, 그리고 간단한 강연 프로그램까지 열고 있다. 하지만 사실 양조장 입

○

이강주를 시연하고 있는 조정형 명인

장에서는 이런 개방 정책은 득보다 손해가 크다. 대부분의 양조장은 늘 인력이 부족한데 손님이 오면 정작 가장 중요한 술빚기를 할 일손이 없기 때문이다. 그럼에도 이렇게 개방하는 양조장이 늘어나는 이유는 빚는 이와 소비자와의 소통을 통해 한국의 문화를 알리고, 무엇보다 신뢰를 쌓아 전통주의 격을 높이기 위해서라고 관계자들을 말한다.

최근에는 스코틀랜드나 프랑스로 위스키, 코냑을 즐기는 여행을 가는 사람들이 있는데, 우리의 전통소주 양조장을 둘러보는 것도 의미가 있지 않을까? 문헌에 기록된 전통주의 종류만 해도 수백 가지가 넘는다. 하지만 현재 명맥을 이어오고 있는 것은 10%에도 못 미친다. 우리가 전통주에 관심을 가져야 하는 이유는 지역의 농산물과 문화, 그리고 역사가 우리의 정체성에도 영향을 미치기 때문이다. 압축적인 경제 성장의 영향으로 술을 즐기기보다는 빨리 취하는 것에 집중했던 우리 음주 문화, 이강주 같은 좋은 술을 통해 이제는 맛을 음미할 줄 아는 문화로 발전하길 기대해본다.

---

**대표상품** | 이강주

**유형** | 증류식 소주(주세법상 리큐르)

**알코올 도수유형** | 19도~25도

**재료** | 맵쌀, 밀, 배, 생강, 계피 등

**제조사** | 전주 이강주

**주소** | 전북 전주시 덕진구 매암길 28

**전화번호** | 063-212-5765

**견학 및 체험** | 별도 상담

## 막걸리계의 슈퍼 드라이 송명섭 막걸리와 죽력고

× × ×

이강주가 있는 전주에서 남쪽으로 약 30Km를 가면 동쪽은 임실군, 완주군과 접하고 있으며, 서쪽은 부안과 고창, 남쪽은 전북 순창과 전남 장성군과 접하는 곳이 나온다. 동남쪽의 노령산맥 줄기인 아름다운 단풍이 가득한 내장산으로 연결되는 곳, 바로 정읍이다.

정읍은 옛부터 역사 깊은 고장이다. 통일 신라시대 최고의 문장가 최치원이 정읍의 현감이었으며, 무엇보다 동학혁명이 시작된 곳이다. 특히 죽력고를 만드는 양조장이 있는 태인면에는 동학혁명에 불을 지핀 탐관오리 조병갑 아버지의 비석, 영세불망비도 볼 수 있다. 이 조규순의 영세 불망비는 색감과 빛깔에서 다른 비석과 확연히 다르다. 바로 오석(烏石)이라는 최고급 돌을 썼기 때문이다. 이 비싼 돌로 비석을 만들겠다고 당시 천 냥이나 되는 돈을 농민들에게 강탈했다고 하니 동학혁명이 왜 일어났는지 이 비석만 보고도 짐작할 수 있다.

정읍에 가기 전에 어원을 한번 살펴보자. 우물 정(井), 마을 읍(邑), 우물의 마을이다. 생각해보면 옛날에는 당연히 우물물로 술을 빚었다. 그러니 우물물은 술의 기원이다. 나와 같은 전통주 관계자에게 '우물의 마을'은 곧 술의 마을이다.

송명섭 막걸리, 막걸리를 조금이라도 좋아하는 사람이라면 한번쯤 들어봤을 유명한 막걸리이다. 바로 이 막걸리가 정읍 태인면에서 만들어진다. 막걸리를 빚는 사람은 전라북도 무형문화재 제6-3호이자 식품명인 48호인 송명섭 씨, 그는 직접 재배한 쌀과 누룩으로 감미료 없이 막걸리를 빚는다. 덕분에 막걸리 맛이 칼칼하고 드라이하다. 시중 막걸리와는 확연히 다르다. 애호가들이 이 막걸리를 좋아하는 이유는 이렇게 단맛 없이 깔끔한 맛 때문이다. 단맛이 있는 술은 물리기 쉽다. 반면 드라이한 술은 오랫동안 마실 수 있고, 동시에 음식 맛을 침범하지 않고 보완해준다. 마치 담백한 쌀밥이 모든 반찬과 잘 어울리는 이치와 같다. 그리고 이 술의 원액이 조선 3대 명주라 불리는 죽력고의 바탕이 된다.

이 막걸리를 처음 마셨을 때 마치 아버지 같다는 생각을 했다. 그것도 이제 막 목욕을 끝낸 아버지. 꾸미지 않은 투박함과 소박한 맛은 마치 아버지의 꾸밈 없는 모습과, 감미료가 없는 깨끗한 뒷맛은 목욕을 마친 정갈함을 닮았다.

> **창완**  송명섭 막걸리를 처음 마시고 뒤통수를 한 대 맞은 것처럼 깜짝 놀랐습니다. 목구멍을 톡 쏘는 탄산감이나 입안 가득 느껴지는 달달함이 막걸리의 전형적인 맛이라고 생각했는데, 송명섭 막걸리를 마시고서야 아, 이게 원형이구나 하고 감탄했습니다.
>
> **명욱**  절대적으로 동의합니다. 기존 막걸리에 입맛이 길들여진 사람에게는 다소 거칠게 느껴질 수 있지만, 몇 번 마시다 보면 오히려 이 깨끗한 맛의 매력을 알게 되죠.

송명섭 막걸리. 단맛이 없는 드라이한 맛이 매력적이다

송명섭 씨는 막걸리로 이름이 널리 알려졌지만, 막걸리로 무형문화재가 된 것은 아니다. 그를 무형문화재로 만들어준 것은 바로 죽력고(竹瀝膏)라는 약소주이다. '죽력고(竹瀝膏)란 대나무 죽(竹), 스밀력(瀝), 기름 고(膏)로, 대나무 수액으로 만든 술이라는 의미이다. 대나무에 불을 대면 수액인 죽력이 떨어지는데,《동의보감》에 따르면 죽력이 혈압을 다스리고 피를 맑게 하여 중풍, 뇌졸중질환등을 치료하는 데 도움이 된다고 한다. 이 죽력을 넣어 빚은 죽력고가 본격적으로 알려진 계기는 바로 동학농민운동이다. 조선 말기 황현(黃玹)이 지은 야사(野史)《오하기문(梧下紀聞)》에 따르면 "전봉준이 일본군에 잡혀 만신창이가 되었을 때, 죽력고를 먹고 기운을 차렸다"고 한다. 이 이야기가 회자되어 전국에 이름을 알리게 된 것이다. 그 이후에 육당 최남선이 《조선상식문답》에서 유명 술로 언급하면서 그 명성은 더 높아졌다.

> **창완** 다른 전통주도 그렇지만 특히 죽력고는 만드는 과정이
> 고되다고 하던데요.
>
> **명욱** 사나흘 밤낮으로 은은하게 불을 때 죽력을 만드는 것부
> 터 시작해 술밑을 빚고, 죽력을 머금은 약재를 더해 증류
> 하기까지의 과정 중 어느 것 하나 쉬운 것이 없습니다.
> 죽력고가 약으로 쓰일 만큼 귀한 효능을 가지게 된 건 이
> 런 정성이 들어가기 때문이라고 생각해요.
>
> **창완** 술을 마시고 병까지 고칠 수 있었다니 정말 축복 같은 술
> 입니다.
>
> **명욱** 네, 하지만 술은 어디까지나 술이라는 점을 명심하셔야
> 죠. 그런 문화가 있었다는 것을 아는 게 중요합니다. 약
> 은 약사에게 진료는 의사에게.

죽력고가 만들어지는 과정은 매우 복잡하다. 우선 죽력부터 만
들어야 한다. 죽력은 대나무를 약한 불에 구울 때 나오는 수액인데,
그냥 구우면 다 증발되기 때문에 섬세한 공정이 필요하다. 우선 대
나무를 잘게 쪼갠 후에 항아리 속에 빽빽하게 넣는다. 그리고 항아
리를 거꾸로 세워 황토를 발라주고, 말린 콩대로 덮고 태워 불씨를
만든다. 그 불씨 위에 왕겨를 올리고 3, 4일 동안 은은한 불 속에서
구워내면 거꾸로 세워 놓은 항아리 뚜껑에 죽력이 모인다. 항아리

출처 | 태인합동주조장

죽력고를 만드는 모습. 우선 대나무를 쪼개서 항아리 속에 넣고, 황토를 바르고, 말린 콩껍질로 불씨를 만
든 다음에 왕겨를 넣고 은은히 3~5일간을 구워내면 항아리 속에 죽력이 모이게 된다

하나에 나오는 죽력은 1.5리터 정도. 이렇게 얻어낸 죽력에 석창포
(창포), 계심(계피), 솔잎, 생강을 3, 4일간 넣어 놓으면 약재가 죽력을
머금는다. 따로 발효시킨 송명섭 막걸리의 맑은 원액을 소줏고리
아래쪽에 넣고, 죽력을 머금은 약재를 위에 넣으면, 술이 끓는 순간
올라온 기체가 약재의 맛과 향을 머금고 내려온다. 이 복잡한 과정
을 거쳐야 비로소 죽력고가 완성된다.

죽력고

죽력고를 마시는 순간 다양한 맛이 떠오르는데, 알코올 도수 32도의 독주임에도 시원한 박하 향이 느껴진다. 마치 대나무밭에 서 있는 느낌이라고 할까?

죽력고가 만들어지는 태인합동주조장은 농식품부 찾아가는 양조장으로 지정된 곳이다. 방문 전에 반드시 예약을 해야 하며, 어떤 목적으로 방문을 하는지 확실하게 전달을 해야 송명섭 명인과의 대화도 수월하게 진행된다. 운이 좋으면 죽력고가 만들어지는 모습도 볼 수 있으며, 대나무를 쪼개고, 굽는 엄청난 육체 노동에 직접 참여할 수도 있다.

정읍은 전국 최고의 한우를 기르는 곳 가운데 하나이다. 그래서

곳곳에 한우를 취급하는 음식점이 많은데, 태인면에는 백학정이라
는 떡갈비 전문점이 유명하다. 1인당 가격은 2만원대 후반으로 높
지만, 전국에서 사람들이 찾아오는 맛집이다. 떡갈비를 한 입 먹고
죽력고를 한 잔 마셔보니 죽력고의 박하 향이 떡갈비의 느끼함을
깔끔하게 지워주는 느낌을 받았다. 그 동네의 음식과 그 동네의 술
이 괜히 잘 어울리는 것이 아니다.

---

**대표상품** | 죽력고
**유형** | 증류식 소주(주세법상 일반증류주)
**알코올 도수** | 32도　　**재료** | 쌀, 밀, 누룩, 죽력, 솔잎, 계심, 생강, 석창포 등
**제조사** | 태인합동주조장　　**주소** | 전북 정읍시 태인면 창흥2길 17
**전화번호** | 063-534-4018　　**체험 및 견학** | 별도 상담

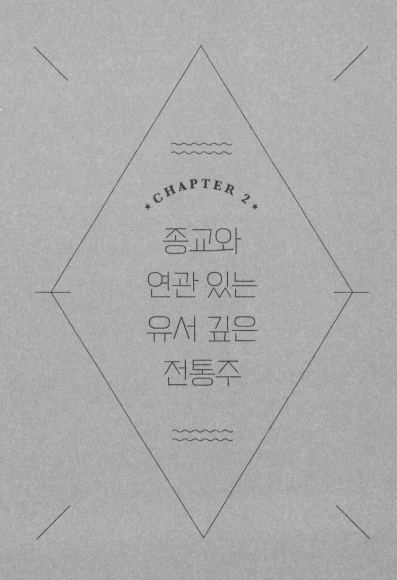

*CHAPTER 2*

종교와
연관 있는
유서 깊은
전통주

**창완** 종교와 술이라니, 가장 친하지 않을 듯한 단어 아닌가요?

**명욱** 종교의 경건함과 술의 자유분방함은 물과 기름처럼 절대 어울리지 않는다? 언뜻 생각하면 그럴 수 있어요. 하지만, 알고 보면 진짜 유명한 술들이 탄생한 배경에는 종교적인 요소가 빠지지 않습니다.

**창완** 하긴 유명한 샴페인 돔페리뇽이 그 술을 맨처음 만들었던 수도사의 이름이라는 걸 알고 정말 놀랐던 기억이 나네요.

**명욱** 가장 경건한 곳에는 늘 그에 걸맞는 고상한 술이 있었습니다. 성당이나 사찰에서 종교인들의 손으로 빚어온 술이라니, 이런 술을 대할 때는 마음가짐부터 달라집니다.

**창완** 이번 챕터는 술이 방탕한 문화를 대변한다고 생각하는 사람들에게 특히 더 권하고 싶은 이야기네요.

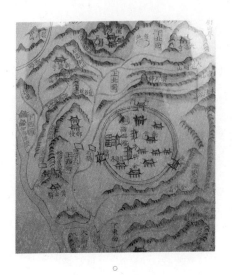

양산 통도사의 옛 지도. 가장 위에 술병이 그려져 있는데 이곳에서 술을 빚었을 것으로 보고 있다. 고려시대의 사찰은 숙박시설 등의 업무도 같이 진행했다

## 수도원의 와인, 사찰의 송화백일주

× × ×

인류의 역사에서 종교적인 색채가 가장 강했던 음료가 있다. 중세 이후 유럽의 수도원에서 미사용으로 빚어졌으며, 일본 신사에서는 제사 및 봉납용으로, 우리나라에서는 사찰에서 곡차문화로 이어져 온 음료, 바로 술이다. 특히 프랑스 샹파뉴 지역을 원조로 하는 샴페인, 그중에서도 1668년 피에르 페리뇽(Pirre Perignon)이라는 수도사의 이름을 딴 돔 페리뇽(Dom Pérignon)은 고급 스파클링 와인의 대명사이기도 하다.

종교와 연관 있는 유서 깊은 전통주

참선 중인 전북 무형문화재이자 식품명인 1호 벽암 조영귀 명인

　그렇다면 한국의 사찰에서는 어떤 술을 빚었을까? 지금은 대부분 사라졌지만 아직도 사찰 한 곳에서 술을 빚고 있다. 대한민국에서 유일하게 승려가 빚는 술, 물이 풍부하고 좋다는 전북 완주 모악산(母岳山 793m) 자락의 수왕사(水王寺)에서 시작한 송화백일주(松花百日酒)다.

　유럽의 수도원에서 본격적으로 와인을 만든 것은 로마가 붕괴하면서라고 전해진다. 광활한 포도밭을 수도원이 관리하기 시작하면서, 자연스럽게 미사에 쓸 와인을 만든 것이다. 그러다 보니 수도원의 수도승은 당시 최고의 와인 기술자가 되기도 한다. 한국의 사찰에서 술을 빚게 된 데는 다양한 이야기가 전해지는데, 고려시대에는 사찰이 아예 숙박업과 양조장 역할을 했다. 조선시대에는 숭유억불 정책으로 사찰이 산속으로 많이 들어가는데, 높은 산에서 지

○
직접 소나무 잎을 따고 있는 조영귀 명인

내다 보니 기압 차이나 온도차 등으로 냉병이나 혈액순환장애, 두
통에 걸리기 쉬웠다. 이를 예방하기 위해 소나무 꽃을 이용해 곡차
(穀茶)를 빚어 마셨다는 기록이 남아 있다.

곡차라는 이름이 본격적으로 등장한 것은 조선 중기의 유명 승
려인 진묵대사(震默大師)의 기록이다. 호탕한 성격으로도 잘 알려진
진묵대사가 수왕사에 머물면서 "곡차라 하면 마시고, 술이라 하면
마시지 않는다"고 말했다고 수왕사 사지에 기록되어 있다. 이 뜻은

다양한 송화백일주 재료. 송홧가루, 오미자, 구기자, 산수유,오미자 등이다

"술을 차와 같이 음미하며 천천히 마신다면 차가 될 것이나, 취하기 위해 마시기만 한다면 그것은 술이 된다"고 풀이된다. 절에서는 술 이 금기였지만, 닫힌 기를 돌리는 약이었던 동시에 차 같은 역할도 한 것이다.

현재 송화백일주를 만드는 사람은 농식품부 식품명인 조영귀 씨. 벽암 스님으로도 불리는 그는 불교에 귀의한 종교인으로 현재 수 왕사의 주지스님이다. 12살에 용화선원 전강스님에게 출가를 해 서, 성하(性下)라는 이름을 받고, 17살에 수왕사에 들어왔는데, 이때 부터 본격적으로 송화백일주를 만들게 된다. 그리고 앞에서 언급한 진묵대사의 열반기일제에 송화백일주가 쓰이고, 그 문화적 가치를 인정받아 1994년 도에는 식품명인 1호, 2013년도에는 전북 무형문 화재로 6-4호로 지정된다.

송화백일주는 이름 그대로 송화를 넣어 100일 이상을 숙성하는 술이다. 송화는 늦봄에 채취하며, 솔잎은 수분이 빠진 가을에 채취한다. 송화를 채취하기 위해 송화백일주 벽암스님과 전수자인 조의주 씨, 그리고 전수 보조인 조민수 씨까지 모두 동원된다. 포대로 10자루 정도 솔잎과 송절을 채취해야 겨우 한 봉지의 송화를 얻을 수 있다. 그만큼 귀한 재료이다 . 외부 인력도 쓰지 않는다고 한다. 농약을 치지 않은 소나무를 찾아야 하는데, 그것을 아는 사람은 자신과 전수자 조의주 씨뿐이라고 한다. 이렇게 힘들게 채취한 솔잎과 송절을 물에 풀면 송홧가루가 물 위에 뜨고, 그것을 모아 말리는 과정을 거친다. 여기에 송화와 솔잎, 산수유, 오미자를 넣어 송화죽을 끓여 1차 발효를 하고, 이후 찹쌀과 멥쌀을 넣어 최종 4번의 발효를 거쳐 청주가 완성된다. 이렇게 완성된 청주를 증류한 후에 다시 송화, 솔잎, 산수유, 오미자를 넣고 1년에서 3년 숙성을 시키면 송화백일주라는 술이 완성된다. 색은 송홧가루의 황금색, 향은 솔잎의 청아함, 목넘김은 알코올 도수 38도다운 묵직함이 살아 있다.

**창완** 무형문화재인 스님이 직접 빚는 술이라니, 송화백일주를 마시는 것 자체가 이미 문화적 행위라는 생각이 듭니다.

**명욱** 사찰에서 술을 곡차라고 하는 것에서 이미 알 수 있듯, 송화백일주 역시 취하기 위해 마시는 술이 아닙니다. 술처럼 벌컥벌컥 들이키는 것이 아니라 차를 마시듯 한 모금 한 모금 음미하는 술이지요.

**창완** 생각해보면 우리가 술을 대하는 자세를 좀 돌아볼 필요
도 있어요. 빨리 취하기 위한 술이 아니라 마음을 여유롭
게 해주는 술이 되려면, 다른 술도 송화백일주를 대하는
자세로 다가가면 좋을 것 같아요.

송화백일주의 전수자인 조의주 씨는 송화백일주는 많이 마시는
술이 아니라 말한다. 단순히 도수가 높고 낮음을 떠나, 한 모금 속
에 수왕사가 가진 정신과 문화, 그리고 지역의 역사까지 내포하고
있다는 것이다. 그래서 한 모금, 한 잔만으로 곡차의 소임을 다한다
고 말을 한다. 어쩌면 곡차의 의미를 설명한 진묵대사가 원하는 곡
차의 문화, 그대로를 나타내는 것이라 할 수 있다.

사찰에서 빚는 송화백일주를 소개하기에 앞서 프랑스의 수도원
에서 만든 술이었던 돔 페리뇽에 대해 잠깐 언급한 바 있다. 프랑스
뿐만 아니라 인류 역사에서 종교가 어떻게 술의 발전에 영향을 미
쳤는가를 알 수 있는 이야기였다.

그런데 서양의 수도원에서 시작한 와인은 알면서 우리 사찰에서
유래한 전통주는 잘 모르는 것이 우리의 현실이다. 정작 내 것은 잘
모르면서 남의 것만 부러워하는 건 어리석은 일이 아닐까. 돔 페리
뇽을 모를 수도 있고, 송화백일주도 모를 수도 있다. 하지만 적어도
서양의 수도원에서 유래한 와인을 안다면, 우리에게는 어떤 것이
있는지 찾아보는 노력 정도는 해봐야 하지 않을까? 계절을 가려가

며, 직접 솔잎을 채취, 송화를 모아 송화죽을 만들고, 몇 번이고 발효하고 청주와 증류주를 거쳐야 만들어지는 송화백일주, 한 모금과 한 잔으로 곡차의 소임을 다한다는 사찰의 문화가 고스란히 살아있는 술, 이런 술을 통해 수천 년의 역사를 가진 대한민국 문화의 깊이, 그리고 다양성을 느낄 수 있을 것이다.

**대표상품** | 송화백일주
**유형** | 증류식 소주(주세법상 리큐르)
**알코올 도수** | 38도　**재료** | 송홧가루, 솔잎, 오미자, 산수유, 누룩, 찹쌀, 멥쌀
**제조사** | 송화양조　**주소** | 전라북도 완주군 구이면 구이로 1096
**전화번호** | 063-221-7047　**체험 및 견학** | 별도 상담

죽녹원의 대나무

## 담양의 추성주는 연동사(煙洞寺)의 살쾡이 술

× × ×

대한민국에서 대나무가 가장 많은 곳은 어디일까? 전남의 최북단 지역이며, 북으로는 내장산(763m)과 추월산(729m), 서쪽으로는 병풍산(屛風山, 822m), 불대산(佛臺山, 602m), 남동쪽으로는 무등산(1,187m) 으로 둘러싸인 곳, 그리고 영산강의 수원지로 알려진 아름다운 고장, 담양군이다. 담양은 대한민국 최대 대나무 생산 지역으로 총 대나무밭의 면적은 약 500만 평, 축구장 1,800개 정도의 크기를 자랑한다. 최고급 대나무도 담양에서 나온다. 그래서 최고급 대금(大笒) 은 모두 담양산 대나무로 만든다.

송강 정철, 송순 등이 살았던 담양은 가사문학의 산실이었다. 선비들이 풍류를 즐기던 자연 친화적인 정자도 많이 남아 있는데, 대표적인 정자가 바로 소쇄원(瀟灑園)이다. 조선시대 조광조의 제자인 양산보가 자연과 더불어 살기 위해 지은 정자로 수많은 학자가 학문을 토론하고 창작 활동을 벌인 곳이기도 하다. 선비들의 문화에 좋은 술이 빠질 리는 없을 터. 바로 그 술이 담양의 옛 이름을 딴 추성주다.

추성주에는 전설이 있다. 담양의 유명 사찰인 연동사(煙洞寺)에서 나온 이야기이다. 약 1000년 전, 연동사에서 술을 빚어 놓으면 누군가 와서 훔쳐 먹는 일이 자꾸 발생한다. 때마침 연동사에서 공부 중이던 유생이 유력한 용의자로 의심을 받는데, 이에 유생은 자신의 결백을 증명하기 위해 직접 범인을 잡기로 한다. 밤새 술단지를 감시하던 유생은 드디어 범인을 발견한다. 연동사에 살던 늙은 살쾡이가 술을 훔쳐 마시고 있던 것이다.

유생은 살쾡이를 잡아 자신의 결백을 알리려 한다. 당황한 살쾡이는 유생에게 거래를 제안한다. 자신을 살려주면 일평생 도움이 될 만한 비밀의 책을 주겠다는 것이다. 유생은 이 거래를 받아들이고, 마침내 비밀의 책의 도움으로 입신양명을 한다. 그 비밀의 책을 받은 사람은 고려 중기의 문신인 이영간(李靈幹, 1047~1082), 담양 이씨의 선조로, 조선시대 인문지리서 《신증동국여지승람》에는 그가 연동사에서 공부했다는 기록이 나온다.

700년 담양 부사 이석희가 쓴 《담양군지(秋成誌)》에 따르면 고려

추성고을 양조장 전경

문종 14년(1060년경) 때 추월산(731m)의 연동사에서 약초와 보리, 쌀 등으로 곡차를 만들어 즐겼으며, 이후에 허약한 몸에 원기를 보충하기 위해 약주로 빚어 마셨다는 기록이 있다. 이후 산속에서 자생하는 약초와 열매로 술을 빚었고, 담양의 옛 이름인 추성이란 이름을 따 추성주로 전해 내려왔다고 한다.

추성주가 널리 알려진 것은 담양에 거주했던 가사문학의 대가들 덕분이다. 면앙정 송순과 송강 정철, 백호 임제, 셋이 3일이나 추성주를 마시며 즐겼는데 숙취가 없어 그 소문이 한양까지 퍼졌다고 한다.

> 창완  추성주는 글 잘 쓰기로 유명했던 송순, 정철, 임제가 즐
> 겨 마신 술이라던데, 어쩌면 추성주를 즐거 마셔서 글을

잘 쓰게 된 건 아닐까요?

**명욱**　살쾡이가 추성주를 훔쳐 마신 대가로 유생에게 아주 특
　　　별한 책을 줬다는 이야기만 봐도 그게 아주 틀린 말은 아
　　　닐 거라는 생각이 드네요. 당시 기록으로 아무리 마셔도
　　　숙취가 없었다고 하니 추성주에 취한 흥취를 그대로 옮
　　　기기만 해도 뛰어난 문학작품이 되지 않았을까요.

**창완**　오늘부터 추성주를 마시며 문장 실력을 닦아야겠습니다.

　하지만 일제강점기 시절 주세법으로 가양주가 금지되고, 해방 이
후에도 그 정책은 계속되었다. 추성주도 이내 사라질 위기에 처한
것이다. 그때, 주막을 운영했던 담양 사람이 구전으로 전해 내려오
는 추성주 빚는 법을 글로 남겼다. 반드시 복원하라는 유언과 함께.
그의 아들은 아버지의 유언을 받들어 추성주를 복원한다. 바로 식
품명인 22호 양대수 씨의 이야기이다. 양대수 씨는 자신의 고향인
담양의 문화를 복원한다는 굳은 결심으로 선친의 유언을 따르기로
결정, 본격적인 연구에 들어간다. 하지만 연구한다고 해서 바로 복
원할 수 있는 것이 아니었다. 아무리 비법이 남아 있다고 한들, 바
로 적용하기란 불가능한 일이었다. 특히 약주(藥酒)인 추성주에 들
어가는 한방약재를 다루기 위해 수많은 시행착오를 거쳐야 했다.
구기자와 갈근은 달이고, 연뿌리는 볶고 오미자는 볶아야 하는 등
한약재마다 처리 방식이 모두 달랐기 때문이다. 그렇게 연구하고
노력한 것이 2년, 1994년도에 추성주는 100여 년 만에 세상에 다

시 등장한다.

> **창완** 추성주의 명맥이 끊길까봐 제법을 남기고 유언까지 남기
> 다니, 이런 사람이야말로 애주가들이 오래오래 기억해야
> 할 역사적 인물이네요.
>
> **명욱** 아버지의 유언을 받들어 추성주 복원의 임무를 다한 아
> 들 역시 대단하지 않나요? 글로만 남은 제법만 보고 술
> 을 복원하는 게 결코 쉬운 일이 아니거든요.
>
> **창완** 그런 이타적인 생각을 가진 분들 덕분에 우리가 이렇게
> 한층 다양한 우리 술을 맛볼 수 있게 된 거네요. 감사하
> 는 마음으로 마셔야겠습니다.

복원한 지 약 20년, 그 사이에 추성주는 더 진화했다. 대표적으로 크게 두 가지가 있는데, 하나는 맑은 약주 형태의 발효주, 또 하나는 이 약주를 증류한 증류주이다. 우선 멥쌀을 기본으로 술 발효를 하고, 100일간의 숙성을 거치면 맑은 약주가 얻어진다. 추성주는 발효가 끝난 맑은 약주를 증류해 전통소주를 내리고, 이 전통소주에 구기자, 강황, 상심자, 오미자, 산약, 갈근, 솔잎 등 10가지 이상의 재료를 넣어 대나무 여과를 거친 뒤, 알코올 도수 25%로 맞춰 100일 이상을 숙성시키면 추성주가 되고, 알코올 도수 40%로 대나무를 넣어 숙성을 시키면 타미앙스가 된다. 옛것에 머무르는 것이 아니고 미래지향적으로 발전시키고 있는 것이다. 재미있는 점은 이

○
추성고을의 대동대잎술. 대나무속의 진액이 술 맛을 더욱 부드럽게 만들어준다

렇게 다양한 약재가 들어감에도 주세법상으로는 약주가 아닌 일반 증류주로 취급된다는 것이다. 발효와 숙성만 한 맑은 형태의 전통주는 약주가 되며, 아무리 약재가 많이 들어가더라도 증류한 술은 일반증류주, 또는 증류식 소주로 분류된다. 하지만 약주의 원래 의미를 생각하면 추성주는 약주가 맞다. 약주란 약이 되는 귀한 술이라는 의미도 있기 때문이다.

현재 추성고을에서는 추성주라는 전통소주와 대잎술 및 대통술이라는 약주도 함께 생산한다. 그런 만큼 전통 방식의 증류기인 소

종교와 연관 있는 유서 깊은 전통주

○
추성고을에서 생산된 약주, 대잎술

줏고리를 이용한 전통소주 내리기 체험과 한약재를 이용한 약주 체험 등이 가능한데 가장 인기 있는 것은 대나무 약주 체험이다. 자기 마음에 드는 대나무 통을 골라 약주를 넣어 가져가는 체험인데, 손목 굵기의 대나무부터 성인 허벅지 굵기 정도의 대나무 중에 선택할 수 있다. 참고로 대나무 약주는 냉장 보관하고 되도록 빨리 소비하는 것이 좋다. 대나무의 성질상 수분이 외부로 배출되어 귀한 술이 증발해버리기 때문이다.

'추성고을'을 중심으로 반경 10km 이내에는 이른바 몸과 마음의 휴식을 즐길 수 있는 담양의 명소가 모여 있다. '죽녹원'과 '메타세쿼이어길'이 대표적이다. '죽녹원'은 5만 평의 울창한 대나무 숲으로 이루어진 징원으로 죽림욕을 즐길 수 있는 곳으로 2.2km 길 안에 운수대통길, 죽마고우길 등 8가지 테마의 산책로가 있다. 전망대에는 담양천을 비롯한 수령 300년이 넘는 고목들로 구성된 담양 관방제림이 한눈에 보인다.

　죽녹원의 전망대에서 보이는 '메타세콰이어길'은 1970년에 조성되었다. 8.5km의 길에 작은 묘목을 심은 것이 20~30m의 쭉 뻗은 높이를 자랑하는 아름다운 가로수로 자라 지금의 메타세콰이어 길이 되었다. 2008년 건설교통부에서 한국의 아름다운 길 100선에서 최우수상을 받았고, 영화 '화려한 외출'의 주인공 김상경이 택시를 운전하는 모습, 그리고 많은 예능 프로그램에서 방문하는 등, 여러 미디어를 통해 더욱 유명세를 탔다. 현재 전체 메타세콰이어 길 8.5km 중 학동리 앞 1.5km 구간은 아예 차량 통행이 금지되었고 그 자리에 벤치와 오두막, 간이 화장실 등, 걷거나 자전거를 타는 방문자가 이용할 수 있는 편의시설을 갖추었다. 추성주를 만나기 위해서도 좋고, 대나무 밭과 수려한 자연을 느끼기 위해 방문해도 좋다. 확실한 것은 담양이 너무나 매력적인 곳이라는 사실이다.

**대표상품** | 추성주
**유형** | 증류식 소주(주세법상 일반증류주)
**알코올 도수** | 25도(증류식 소주의 경우)
**재료** | 쌀, 밀, 오미자, 구기자, 갈근, 우슬 등
**제조사** | 추성고을　　**주소** | 전라남도 담양군 용면 추령로 29
**전화번호** | 061-383-3011　　**체험 및 견학** | 가능(예약 추천)

신평 양조장 내 고택.
한옥과 적산가옥의 형태 모두가 남아 있어 해방 전후의 시대상을 보여준다

## 정화의 의미를 담다, 하얀연꽃 막걸리 '신평 양조장'

× × ×

서울에서 서해안 고속도로를 타고 약 70km를 달려가면 서해안을
가로지르는 웅장한 다리, 서해대교를 만난다. 경기도 평택시와 충
남 당진시를 연결하는 서해대교는 길이 7.3km로 세계 10위권의
사장교다. 이 서해대교를 건너자마자 만나는, 근대의 역사와 문화
를 고스란히 간직한 충남 당진시, 그리고 이곳에 2013 농림축산식
품부에서 '찾아가는 양조장'으로 지정된 '신평 양조장'이 있다.

아직 새마을운동의 추억이 서려 있는 신평면 마을 중심가에 위
치한 '신평 양조장'은 1933년에 설립되어 올해로 85주년을 맞이했
다. '신평(新平)'의 어원은 새로운 땅, 새로운 들이란 뜻인데, 이름에

출처 | 신평 양조장

1970년대 전후의 모습으로 밀 막걸리를 만들기 위해
밀 반죽을 하고 있다.

걸맞게 신평면에는 넓고 새로운 땅인 간척지 평야가 넓게 자리 잡고 있다. '신평 양조장' 역시 이곳에서 재배되는 당진의 쌀인 해나루 쌀로 막걸리를 빚는다.

신평 양조장의 가장 큰 특징은 80년 동안 양조장이 있는 마을이 변화하는 모든 모습을 지켜온 고택이 함께 있다는 것이다. 100년 가까운 세월을 고스란히 담고 있는 철심으로 꿰맨 항아리도 볼 수 있다.

**창완** 잘 다니던 대기업을 그만두고 대를 이어 막걸리를 빚겠다는 결심을 하다니, 명가의 후손은 역시 다른 것 같네요.

**명욱** 3대 김동교 씨가 정말 대단한 건 대기업을 그만둔 것보

신평 양조장의 3대 김동교 씨와 2대 김용세 옹

다 전통을 지키는 데 그치지 않고 새로운 모습으로 변신시키는 데 아주 적극적이라는 점입니다. 백련 막걸리 패키지를 새롭게 만든 것이나, 서울 한복판에 백련 막걸리와, 그에 어울리는 메뉴를 파는 레스토랑을 열고, 신평 양조장의 역사를 한눈에 볼 수 있는 갤러리까지 운영하고 있어요. 앞으로 전통주가 어떻게 젊은 세대를 사로잡을 수 있을지에 대한 길을 제시하는 역할을 하고 있지요.

현재 신평 양조장은 2대 김용세 옹에 이어 3대 김동교 씨가 경영하고 있다. 특히 김동교 씨는 삼성전자 글로벌 마케팅실에서 근무하다가 2009년 퇴직하고 가업에 뛰어들었다. 그는 대기업에서 일했던 감각을 살려서 막걸리에 트렌디한 디자인을 적용하고, 유서 깊은 지역 문화와 양조장의 가치를 담은 막걸리를 널리 알리고 있다. 오랜 숙련이 필요한 막걸리 제조는 2대 김용세 옹이, 경영 관리는 김동교 씨가 각각 분업을 통해 자연스럽게 진행 중이다.

3대 김동교 씨가 가업을 승계하며 신평 양조장에 가져온 가장 큰 변화는 '디자인'이었다. 예전부터 당진의 햅쌀인 해나루 쌀과 불교에서 정화의 의미가 있는 백련잎을 발효시켜 백련 막걸리를 만들어왔지만, 페트병에 담아 파는 막걸리는 아저씨들에게 어울리는 술이라는 인상이 강했다. 이에 김동교 씨는 과감하게 페트병보다 원가가 3배가 비싼 유리병을 구매하여, 화가인 어머니와 누나의 도움으로 지금의 '하얀연꽃 백련 막걸리' 패키지를 새롭게 디자인했다.

그는 막걸리에 새로운 디자인을 입히고 중간 유통단계를 거치지 않고 직접 고객을 찾아가는 마케팅으로 막걸리를 알리는 데에 힘쓰고 있다.

하지만 지역 햅쌀로 빚은 비싼 원가의 막걸리를 구입하는 중간 유통업체는 거의 없었다. 결국 스스로 고객을 찾아야 했고, 고객에게 최상의 신선한 막걸리를 제공하는 방법으로 서울 강남역에 셰막이라는 양조장 직영 요리주점을 열었다. 소비자에게 막걸리를 알리는 접점을 우선은 가까운 음식점에서, 그것도 강남 한복판에서 해답을 찾았다고 김동교 씨는 말한다.

이런 다양한 시도와 변화와 맞물려, '하얀연꽃 백련 막걸리'는 2009년 청와대 전시품목 막걸리, 2011년 일본 첫 수출, 2012년 '대

신평 양조장 막걸리 빚기 체험

한민국 '우리술 품평회' 살균탁주 부문 대상, 2013년 '영국주류품평회(IWSC)' 브론즈 메달 수상, 2014년 '삼성 회장단 건배주' 등, 막걸리 문화 산업에서 두각을 나타내기 시작한다. 3대를 잇는 신평 양조장의 사람들도 주목을 받았다. 2014년도에는 3대 김동교 씨가 'YTN 함께하는 미래인'을, 2대 김용세 씨는 문체부에서 명사로 선정된다.

**창완**　그런데 이 양조장이 종교와 어떤 연관이 있죠?

**명욱**　2대 대표인 김용세 옹이 불심 깊은 불교 신자입니다. 불교에서 '정화'를 상징하는 백련의 잎을 막걸리에 넣어 종교적인 의미를 담고자 한 것 같습니다.

**창완**　양조장 뒤에 연꽃밭이 있던데, 그런 이유였군요.

**명욱**  네, 사찰의 곡차문화를 복원한 것이죠. 여름에는 이 연꽃
잎으로 막걸리를 떠서 연대를 빨아먹기도 합니다.

신평 양조장에서는 세월의 흔적이 느껴지는 고택부터 아버지 세
대에 사용되었던 막걸리 통, 양조 도구, 고서적 등을 볼 수 있다. 그
렇지만 이곳의 가장 큰 특징은 무엇보다 다양한 '우리 술'을 직접
보고, 듣고, 만지며 오감으로 느끼는 체험을 할 수 있다는 것이다.
사람이 들어갈 만큼 커다란 항아리에서 뿜어내는 이제 막 발효된
신선한 막걸리 원액의 향, 그리고 힘차게 탄산을 뿜어내는 막걸리
본연의 모습, 날짜별로 숙성되어가는 막걸리 비교 시음 등 막걸리
하나로 다양한 문화 체험을 즐길 수 있다.

신평 양조장에서는 막걸리를 직접 만들고, 막걸리 원액(원주)을
직접 짜고 시음해보는 것도 가능하다. 우선 증기로 쌀을 쪄 고두밥
을 만들어 식히고, 식힌 고두밥에 누룩과 물을 넣어 막걸리를 만든
다. 물론 누룩을 넣었다고 바로 막걸리가 만들어지는 것은 아니다.
술이 빚어지려면 역시 세월의 손길이 필요하다. 집에 돌아가서 10
일간 매일 한두 차례 저어주면서 25~30도 정도의 온도를 유지해
주면 둥둥 떠 있던 쌀알이 다 가라앉을 즈음에 막걸리가 완성된다.

막걸리를 만드는 것이 번거롭다면 더 간단한 체험도 있다. 이제
갓 발효된 막걸리 원액(원주)을 직접 짜보는 체험이다. 막걸리 원액
은 알코올 도수가 14~18도 정도인데, 이 원액을 짜보면 손에 잡히
는 걸쭉하고 진한 막걸리의 촉감이 무척 색다르게 느껴진다.

신평 양조장에서 생산된 백련 막걸리와 백련 맑은술

직접 만든 막걸리는 물론이고 원액 막걸리도 모두 병에 담아 집에 가져갈 수 있는데, 이때 뚜껑을 꽉 닫으면 안 된다. 막걸리 발효 과정에서 효모가 당분을 먹으며 알코올을 만드는데, 그때 탄산을 배출하기 때문이다. 그래서 막걸리가 숨을 쉴 수 있도록 뚜껑을 살짝 열어주어야 한다.

신평 양조장이 가진 또 하나의 킬링 콘텐츠는 백련양조문화원이다. 거대한 미곡창고를 개조해 갤러리로 만들었다. 오래된 양조 도구 및 서류, 무엇보다 가족들이 만든 막걸리 관련 작품들이 이곳의 주요 콘텐츠다. 가슴이 뻥 뚫릴 듯 높은 천장과 예스러운 기둥은 마치 오래된 카페에 앉아 있는 느낌도 든다. 입구에는 시음 판매대가 있어서 가볍게 방문해서 구매할 수 있다.

**창완**  백련 막걸리는 당진에서 생산된 품질 좋은 쌀만을 이용
해 빚는다고 들었어요. 지역의 농산물로 술을 빚는다는
게 굉장히 의미가 깊은 것 같아요. 여전히 시장에는 값싼
수입쌀로 만든 막걸리가 대부분이지 않나요?

**명욱**  맞습니다. 백련 막걸리처럼 좋은 품질의 쌀을 적극적으
로 이용해서 고품질의 막걸리로 만드는 시도는 점점 줄
어가는 쌀 소비량을 생각하면 더욱 의미가 크다고 할 수
있죠.

신평 양조장 고택 옆의 오래된 사진관도 매력적이다. 마치 영화
'8월의 크리스마스' 속 사진관을 옮겨놓은 듯한 모습이다. 이제는
운영하지 않지만, 보기만 해도 추억에 빠질 듯하다.

신평 양조장을 방문할 예정이라면, 주변의 지역 명소도 여행 계
획에 넣을 것을 추천한다. 서해안 방면으로는 신평 양조장에서 차
로 10분 거리에 있는 삽교호 관광지부터, 일출과 일몰을 동시에
볼 수 있는 왜목마을, 그리고 서쪽으로 가면 은빛 모래와 기암괴
석으로 유명한 난지섬 등이 있다. 살짝 내륙으로 들어오면 국가지
정 중요무형문화재 75호인 기지시 줄다리기가 있는 기지시 줄다리
기 박물관, 1930년대 농촌계몽운동 소설 《상록수》를 쓴 심훈(沈熏,
1901~1936)의 생가인 필경사, 서민적인 모습을 간직하고 있는 당진
10미 중 하나인 우렁쌈밥촌 등을 만날 수 있다. 특히 삽교호 관광지
는 국내 유일의 해군 체험공간인 함상공원을 필두로 테마파크, 수

족관, 공원, 수산물 맛집 등도 있어, 가족 나들이에 적합한 서해안의
명소이기도 하다.

　신평 양조장을 방문하기 위해 들렀다가 서해안의 명소를 둘러보
는 것도 좋고, 반대로 서해안의 명소를 방문했다가 신평 양조장에
들러 막걸리 체험을 해보는 것도 좋다. 어느 쪽이라도 눈과 귀, 입
까지 즐거운 경험으로 가득할 테니 말이다.

| | |
|---|---|
| **대표상품** | 하얀연꽃 백련 막걸리 | **제조사** | 신평 양조장 |
| **유형** | 탁주 | **주소** | 충남 당진시 신평면 신평로 813 |
| **알코올 도수** | 7도(백련 막걸리 미스티) | **전화번호** | 041-362-6080 |
| **재료** | 해나루 쌀, 누룩 등 | **체험 및 견학** | 가능(예약 추천) |

## 앉은뱅이 술, 한산소곡주의 이름은 왜 소곡주지?

×××

신평 양조장에서 서해안 고속도로를 타고 달리기를 약 1시간, 충남의 끝자락에 다다른다. 금강을 경계로 전라도와 경계를 이루는 곳, 드넓은 금강하구의 평야가 호남평야의 시작을 알리는 서천이다. 위로는 부여, 그리고 아래로는 군산시와 접하고 있다. 바로 우리나라 대표 약주, 소곡주가 빚어지는 서천이다. 한산소곡주가 있는 곳은 서천군 한산면, 한산이란 지명은 이 지역을 흐르는 금강으로 유입되는 한산천에서 유래된 말이다. 중앙부에는 단상천, 남부에는 금강이 흐르고 있어 100m 전후의 낮은 산을 제외하고는 비옥한 평야지대를 이루고 있다. 또한, 신라의 삼국통일 후, 백제 부흥운동의 중요한 무대 중 한 곳이 한산면의 건지산성(乾芝山城)이다. 이러한 역사적인 배경을 토대로 한산소곡주는 백제 유민들이 그 한을 달고자 빚어 마신 술이라는 전설이 전해진다.

　조선시대 문헌인 《시의전서》, 《규곤시의방》과 같은 요리서적에도 소곡주란 단어는 자주 나온다. 그런데 한자가 다르다. 문헌의 소곡주는 작을 소(小) 누룩 곡(麴)인데 한산소곡주는 흴 소(素) 누룩 곡(麴)을 쓴다. 문헌 속의 소곡주는 이름 그대로 누룩을 적게 쓴다. 하지만 한산소곡주는 누룩을 적게 쓰는 술이 아니다. 지속적인 발효를 통해 알코올 도수를 높게 하고, 깔끔한 맛보다는 진득함을 추구하기 때문이다.

　그렇다면 한산 소곡주는 어디서 온 말일까? 백제 소선(素膳) 문화

우희열 명인의 한산소곡주 시연 모습.
찹쌀, 홍고추, 메주콩, 생강, 들국화, 엿기름, 누룩 등이 들어간다

의 영향을 받았다는 견해가 설득력 있어 보인다. 백제는 384년에
중국 동진을 거쳐 지금의 영광 법성포에 최초로 불교를 받아들인
다. 부여로 수도로 옮긴 사비시대(536~660)에는 고기를 먹지 못하도
록 법으로 금지했다는 기록이 있다. 이런 불교의 영향으로 육식을
제한하고 소박한 음식을 선호하는 소선(素膳) 문화가 발전했다고 전
한다. 이런 소선 문화의 영향으로 소곡주는 작을 소(小)가 아닌 흴
소(素)로 자리 잡은 게 아닐까.

　한산소곡주로 검색을 하면 무려 45군데나 지도에 잡힌다. 현재
한산소곡주 제조 면허를 가진 곳은 우희열 씨가 운영하는 한산소
곡주 외에 총 50여 곳이나 된다. 면허와 무관하게 그동안 가양주 형
태로 빚어온 농가까지 더하면 한산소곡주를 빚는 농가는 무려 250

소곡주에 홍고추를 넣는 모습

여 호에 달한다. 몇몇 집안이나 한두 기술자에 의해 명맥을 유지하는 다른 전통주와 달리 마을 차원에서 이어오고 있는 것이다. 그러다 보니 술맛 역시 천차만별 다양하다. 어느 것이 맛있고 맛없다고 평가하기 어렵지만 그중에서 가장 정통성 있다고 평가받는 것은 충남 무형문화재 제3호이자 식품명인 제19호인 우희열 명인이 빚는 한산소곡주이다. 한산 나 씨 집안에 시집 온 우희열 명인은 시어머니 김영신 씨에 이어 한산소곡주의 무형문화재가 된 인물이다.

우희열 명인의 한산소곡주는 진득한 맛으로 유명하다. 이 진득함이 어디서 오나 직접 방문해보니, 우희열 명인의 장남이자 무형문화재 전수자인 나장연 씨가 술 항아리를 열어 보여준다. 소곡주가 발효되고 있는 항아리, 그런데 항아리 안에 술이 보이지 않았다. 그저 발효되고 있는 장만 보였다. 술은 어디 있는 걸까? 쌀을 한참 파내야만 겨우 그 모습을 볼 수 있다. 쌀의 비율이 너무 높아서 술이 보이지 않았던 것이다. 마침내 샘물처럼 솟아나는 소곡주, 술에 대해 조금이라도 공부한 사람이라면 그 장면을 보고 감동이 밀려올 것이다. 재료를 아끼지 않는 것이 그 진득함의 비결이었다.

> **창완**　소곡주를 마시는 순간, 진한 에스프레소를 마신 것처럼 입안 가득 풍미가 퍼지더군요. 진하고 눅진한 술이 마치 혀를 코팅하는 것 같았어요.
>
> **명욱**　보통 막걸리는 물이 쌀보다 3~7배 정도 들어가거든요. 일본의 고급 사케 역시 물이 1.3배 정도가 더 들어가는데, 소곡주는 물보다 쌀이 더 많이 들어가요. 즉, 그 어떤 술보다도 쌀의 양을 최대화해 쌀의 풍미를 다 이끌어낸 거죠.

참고로 소곡주를 '앉은뱅이술'이라고도 하는데, 과거 보러 가는 양반이 소곡주를 맛보고 멈출 수 없어서 시험 보러 가는 걸 잊어버렸다는 유래, 또 하나는 며느리가 젓가락으로 찍어 먹다가 그 맛에 감동해 주저앉아서 마셨다는 유래가 있다. 이런 유래는 원료가 가진 모든 맛이 이 소곡주 한잔에 응축되어 있기 때문은 아닐까. 인간이란 본래 맛에 민감하고, 소곡주의 그 응축된 맛을 거부할 수 없다.

**명욱** 소곡주를 빚는 항아리를 보면 재미있는 걸 볼 수 있어요.
술에 홍고추를 꽂습니다.

**창완** 홍고추? 향이나 색을 더하는 건가요?

**명욱** 간장 담글 때랑 같은 이유인데요. 원래 붉은색이 잡귀를
물리친다는 뜻이 있잖아요. 술에서 잡귀란 다름아닌 잡
균입니다. 그리고 붉은색은 오래 전부터 권위를 상징해
왔습니다. 그래서 왕의 옷인 곤룡포도 붉은색, 도장 인주
도 붉은색, 하다못해 자동차 브레이크 등도 붉은색이죠.
붉은 고추로 잡균의 접근을 허락하지 않겠다는 주술적인
의미로 볼 수 있지요.

한산 소곡주가 고집스레 지키는 원칙이 있다. 주원료인 찹쌀과

한산 소곡주

밀 모두 충남에서 난 것만 고집한다. 또 하나는 살균 처리를 하지 않는 '생주(生酒)'를 유통하는 것. 한국의 약청주(藥淸酒) 시장은 살균 처리한 약주가 대부분이다. 살균 처리를 하면 유통기한이 늘어나고 관리가 용이하기 때문에 취급하기 편하다.

한산 소곡주의 무형문화재 우희열 씨의 장남이자 전수자인 나장연 대표는 소곡주 역시 살균해 판매하면 편할 것이라고 한다. 다만 사람의 손맛과 신선함이 살아 있는 생의 맛은 역시 따라갈 수 없다며, 조금 불편하더라도 이 '생' 소곡주의 전통을 계속 이어가고 싶다고 언급했다.(장기 보존을 위해 살균 처리한 한산 소곡주도 있다.)

단체 여행객이라면 직접 밥을 짓고, 소곡주를 빚는 체험도 할 수 있다. 오직 한산 소곡주 양조장에서만 할 수 있는 체험이니 놓치지 않기 바란다.

한산 소곡주 입구에는 언제나 열려 있는 상시 전시관이 있다. 서천의 무형문화재를 모아 놓은 복합 전시관이다. 서천의 자랑인 대목장, 부채장, 바디장을 전시해놨다. 특히 소곡주 빚는 법을 이해하기 쉬운 그림으로 표현해놨다. 입장은 무료이며 혹시라도 운 좋게 나장연 대표를 만나면 소곡주를 시음하는 기회를 얻을 수도 있다. 단체 체험도 좋고, 가볍게 들르기에도 충분히 가치가 있다.

리아스식 해안인 서해안과 금강하구에 있는 서천군에는 다양한 문화 및 자연 유산이 있다. 대표적인 것이 서천 8경 중 3경인 한산모시관, 5경인 춘장대 해수욕장이다. 특히 춘장대 해수욕장은 1.5

도의 완만한 경사, 맑고 잔잔한 수면으로 한국철도공사에서 선정
한 꼭 가봐야 할 우리나라 낭만 피서지 12선으로 추천되었다. 금강
하구와 연결되는 신성리 갈대밭 역시 서천의 명소다. 영화 JSA 공
동경비구역의 촬영지였던 이곳은 무려 6만 평에 이르는 대한민국
4대 갈대밭 중 하나이다. 겨울철에는 고니, 청둥오리, 철새들의 군
락지이다. 서해안 여행을 떠날 때, 또는 백제의 수도 공주와 부여를
여행할 때 들른다면 색다른 역사 탐방 코스가 될 것이다.

| | |
|---|---|
| **대표상품** │ 한산소곡주 | **제조사** │ 한산소곡주 |
| **유형** │ 약청주(주세법상 약주) | **주소** │ 충청남도 서천군 한산면 지현리 66-9번지 |
| **알코올 도수** │ 18도 | **전화번호** │ 070-7017-4726 |
| **재료** │ 쌀, 밀, 홍고추, 메주콩 등 | **체험 및 견학** │ 가능(예약 추천) |

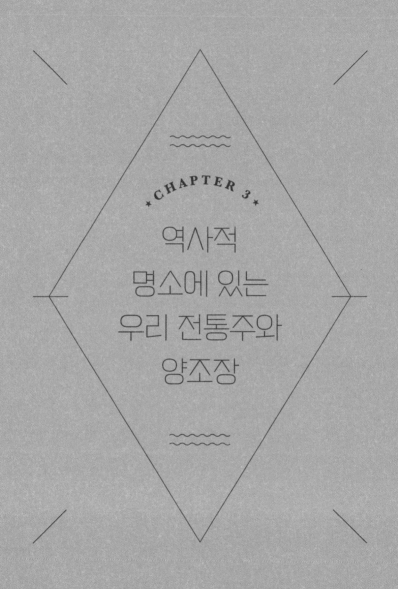

* CHAPTER 3 *

역사적
명소에 있는
우리 전통주와
양조장

**창완** 영화나 소설에서 주인공이 술 마시는 장면이 나올 때, 특히 역사를 다룬 이야기에 나오는 술을 보며 저 술은 어떤 술일까, 어떤 맛일까, 아직도 있을까 궁금하지 않나요?

**명욱** 참을 필요 없이 떠나시면 되죠. 5천 년 역사를 가진 나라답게, 나라 곳곳이 역사적 명소가 아닌 곳이 없고, 명소에는 반드시 지역 명주가 있기 마련이니까요.

**창완** 좋은 여행이 될 것 같아요. 떠나기 전에 그 지역 역사 공부를 하면 더 좋겠어요. 술 마시러 간다고 하는 것보다 역사적 명소를 탐방하러 간다는 명분도 되고 얼마나 좋습니까.

## 안동 하회마을과 명인 안동소주

××× ×

경상북도에서 가장 넓은 시가 있다. 영주, 예천, 봉화, 의성 등 선비
문화의 고장으로 둘러싸인 곳, 동쪽의 태백산맥과 서쪽으로는 소백
산맥의 기운을 받는 곳, 서울의 2.5배 면적을 가지고 있는 안동시
이야기이다.

안동시는 《징비록》을 쓴 류성룡의 풍산 류 씨의 하회마을, 퇴계
이황의 제자들이 세운 도산서원 등 조선시대 명문가가 모여 있는
곳으로도 잘 알려져 있다. 안동시가 역사 속에 본격적으로 등장하
는 것은 후삼국 시대이다. 고려 태조 왕건이 안동에서 견훤을 물리
치고 후삼국을 통일하는 초석을 세웠는데, 그때 안동이란 이름이
처음 등장한다. 이후 13세기에 몽골의 침입으로 개경을 비롯한 경
기도권이 크게 황폐해지자 안동이 국가의 물적, 인적 기반이 되었
고, 고려 말에는 김방경(金方慶), '권부(權溥) 등과 이들의 후예들이 고
려 후기 사회의 지배세력으로 등장하면서 정치적, 학문적으로 중시
되면서 예절을 지키고 학문이 왕성한 곳으로 불린다. 이를 통해 여
러 성씨가 대를 이어 살며 조선시대 대표적인 명촌(名村) 중 하나로
자리잡는다.

바로 이런 배경 덕에 안동에서 소주가 발달할 수 있었다. 안동소
주는 쌀이 많이 필요한 귀한 술이기 때문이다. 경제적으로 윤택한
명문가가 많은 안동에서 안동소주가 발달한 것은 결코 우연이 아
니다.

**창완** 흔히 마시는 희석식 소주가 저렴해서인지, 안동소주는 가격이 좀 비싸게 느껴진다는 사람들도 있어요.

**명욱** 맛도 맛이지만, 들어가는 재료나 만드는 과정을 생각하면 증류 소주와 희석식 소주의 가격을 비교하는 것은 절대 안될 일이에요. 알콜 도수 12%의 청주 4~5병을 증류해야 45도 안동소주가 한 병 나오니까요.

**창완** 양주나 와인은 비싸도 쉽게 받아들이지만, 우리 전통주에 대한 인식은 아직 그에 미치지 못하는 것 같아요. 지금 우리 전통주의 수준이 이만큼 높아졌다는 것이 아직 잘 알려지지 않은 탓도 있지 않을까요? 나부터도 전통주의 스펙트럼이 이렇게 다양하고 깊이가 있는지 이제 알았으니까요.

안동소주는 알코올과 물의 끓는점이 다른 것을 이용해, 물과 알코올을 분리하는 위스키나 코냑과 같은 증류라는 과정을 거친다. 앞서 설명했지만 6도짜리 막걸리 10병, 그리고 12도짜리 약주(청주)는 4~5병은 들어가야 45도의 안동소주 한 병이 나온다. 막걸리나 약주가 저렴한 것이 아니라, 원래 소주란 그 자체가 술을 응축해 놓은 것이기에 원료나 재료비가 많이 들어갈 수밖에 없다. 그리고 이렇게 원료의 풍미가 살아 있는 소주가 진짜 소주라고 할 수 있다. 지금은 기술이 많이 발달해 예전만큼의 원료 비율은 아닐 수 있으나, 가장 많은 원료가 들어가는 것임에는 틀림이 없다. 최근에는 비

출처: 정희주 기자

다양한 안동소주. 하회탈은 명인안동소주,
그 왼쪽은 민속주 안동소주다.

교적 가벼운 22도, 35도 등 다양한 안동소주가 나오고 있다.

조선 중기의 실학자 지봉 이수광의 《지봉유설》을 보면 소주에 대한 언급이 나온다. 시작은 고려시대의 원 간섭기 1274년, 그리고 1281년 두 차례에 걸쳐 일본을 정벌할 때 안동에는 제주도, 합포, 개성과 함께 원의 병참기지가 있었고 여기서 증류기술을 전수받았다고 전해진다. 몽골에서 전해준 것이라 해서 실망할 필요는 없다. 스코틀랜드의 스카치 위스키도, 프랑스의 와인 증류주인 꼬냑(브랜디)도 다 이슬람의 증류 기술이 대륙을 건너 그 지역에 토착화하면서 발전한 것이다. 우리나라 역시 이런 증류 기술을 조선 세조 때 일본 대마도에 전래, 일본에서는 보리소주가 시작된다. 문화란 국가의 소유도, 개인의 소유도 아니며, 따라서 국경도 있을 수 없다. 누가 더 그 문화를 아끼고 즐기느냐, 오직 그것으로만 문화의 종주국을 자처할 자격을 가질 수 있다.

**창완**  안동소주는 우리나라 전통주 중에서도 인지도나 인기가
이미 연예인급 아닙니까.

**명욱**  안 그래도 유명한 안동소주를 더욱 유명하게 만든 재미
있는 일화가 있어요. 이른바 '안동소주 대란'이라고 불리
는 사건인데요. 몇 년 전 한 인터넷 커뮤니티 회원이 안
동소주를 마셔 보니, 맛과 향이 뛰어나고, 과음을 해도
숙취가 없다며 극찬하는 글을 올립니다. 이 글을 본 회원
들은 앞다퉈 인터넷으로 안동소주를 주문해서 온갖 안주
와 함께 맛본 인증사진을 올리기 시작하고 곧 다른 커뮤
니티에까지 안동소주에 대한 예찬론이 퍼져나가요. 거의
한 달 넘게 커뮤니티 곳곳에서 안동소주를 마신 후기들
이 줄줄이 이어진 사건, 이것이 안동소주 대란인데요. 심
지어 양조장에서 술이 품절되는 사태까지 벌어졌어요.

몇 년 전 인터넷에서 '안동소주 대란'이라는 해프닝을 일으킨 주
인공이 바로 명인 안동소주다. 농식품부 식품명인 제6호로 지정된
박재서 씨가 대표이며, 2015년 농식품부 찾아가는 양조장으로 지
정된 곳이다.

현재 안동소주를 만드는 양조장은 명인 안동소주, 민속주 안동
소주, 양반 안동소주, 일품 안동소주, 금복주 안동소주, 최근에 나온
올소 안동소주가 있다. 6곳의 안동소주를 비교할 때, 민속주 안동
소주와 명인 안동소주 두 곳을 가장 많이 비교한다. 민속주 안동소

안동에는 안동소주와 즐길 수 있는 다양한 음식들이 많다

주는 경북 무형문화재를 먼저 받은 곳이며, 명인 안동소주는 농식품부 식품 명인을 먼저 받았기 때문이다. 둘의 맛 차이는 같은 알코올 도수라도 확연하다. 민속주 안동소주는 술덧이라는 탁주에 가까운 원액을 증류하지만, 명인 안동소주는 맑게 거른 청주를 증류한다. 배양하는 누룩과 누룩균도 다르다. 민속주 안동소주는 천연균으로 배양하여 다채로운 맛을 내는 반면 명인 안동소주는 배양된 균을 사용, 일률적인 맛을 낸다.

또 민속주 안동소주는 밀누룩을 명인 안동소주는 쌀누룩을 고집한다. 전통으로만 본다면 민속주 안동소주가 좀 더 가깝다고 볼 수 있다.

안동소주를 만드는 다양한 프로그램을 갖춘 곳은 명인 안동소주다. 거대한 지하 갤러리부터 시음장 카페까지 있어 다양한 체험이

전통주 체험을 진행하는 박재서 명인

가능하다. 특히 증류하기 전 안동소주 원액이 되는 막걸리와 청주를 체험해볼 수 있는 게 특징이다. 물과 누룩 이외에는 아무것도 넣지 않은 막걸리와 청주 맛은 기존의 막걸리 맛과는 다르지만, 원료의 풍미를 가장 중요하게 여기는 전통주의 기본을 직접 느낄 수 있는 중요한 체험이다.

동시에 이곳 안동소주의 참맛을 내는 중요한 재료 중 하나인 안동 물도 맛볼 수 있는데, 망간, 철 등이 적은 연수라 물맛이 좋다.

앞서 설명한 듯이 안동시의 면적은 서울시의 2.5배로 경북에서 가장 큰 도시이다. 하루에 모두 다 여행하기에는 벅차다. 만약 안동을 방문한다면 앞서 언급한 유네스코 세계문화유산으로 등재된 하회마을을 빼놓을 수 없는데, 명인 안동소주가 이곳에서 차로 15여분 거리에 있다. 일부러 명인 안동소주를 가는 것도 좋지만, 하회마을과 함께 이곳을 들러보는 것도 안동의 매력을 즐기는 좋은 방법이다. 물론 방문 전에 예약은 필수다. 늘 술 빚기에 바쁜 곳이고, 운이 좋다면 안동소주 명인, 박재서 씨를 만날 수도 있다. 다만 명인 안동소주는 전통적인 느낌보다는 현대화된 시설이 많다. 너무 전통을 기대하면 실망할 수 있으니 충분히 인터넷에서 찾아보고 가는 것이 좋다.

안동시에는 안동찜닭, 간고등어, 헛제사밥 등 안동소주와 즐길 수 있는 음식이 다양하다.

| | |
|---|---|
| **대표상품** │ 명인안동소주 | **제조사** │ 명인안동소주 |
| **유형** │ 증류식 소주 | **주소** │ 경상북도 안동시 풍산읍 산업단지길 6 |
| **알코올 도수** │ 45도 | **전화번호** │ 054-856-6903 |
| **재료** │ 쌀, 쌀누룩 | **체험 및 견학** │ 가능(예약 추천) |

## 우륵이 가야금을 튕긴, 탄금대 자락의 충주 청명주

× × ×

대한민국의 중원이라 불리는 곳이 있다. 경상도에서 한양으로 오기 위해서는 무조건 거쳐야 했던 요지, 오대산에서 흘러나온 물이 남한강을 이루며, 한반도의 유일한 고구려 비석인 '중원고구려비'가 있는 곳, 임진왜란 당시 신립 장군이 배수의 진을 치고 왜군과 맞서던 '충주' 이야기이다. 물길이나 육로 모두 한양으로 이어지는 중요한 길목이었기에 유사시에는 모두 차지하려 하면서 수많은 전투가 벌어진 역사적인 지역이다.

충주에서 가장 유명한 명소 중 하나는 기암절벽을 휘감아 돌며 유유히 흐르는 남한강과 울창한 송림의 탄금대(彈琴臺)이다. 고구려 장수왕(413~491) 시절에 세워졌다고 알려진 국보 제25호 중원고구려비가 이곳에서 발견되었다. 원래는 누구도 거들떠보지 않던 돌덩어리에 불과했으나(심지어 대장간 기둥으로 쓰이기도), 1979년에야 글자를 발견하고 분석을 하면서 고구려 시절 유물임이 밝혀진다. 고구려의 남하 정책이 충주까지 왔음을 증명하는 귀한 자료가 되었다.

탄금대라는 이름은 신라의 진흥왕(534~576) 시절, 가야 출신의 우륵이 신라에 귀화해 이곳에서 그 슬픔을 달래며 연주한 것이 유래라고 알려져 있다. 탄금대(彈琴臺), 말 그대로 튕길 탄(彈), 현악기(거문고) 금(琴), 대 대(臺)로 가야의 현악기인 가야금(伽倻琴)을 튕겼다는 의미이다. 탄금대 외에도 가야금 소리가 뇌리에 스친다는 금뇌리(琴腦里), 가야금 소리를 듣는 정자란 의미의 청금정(聽琴亭) 등 가야

중원당이 빚은 명주, '천명주'

금 관련 지명이 많은 것도 이 지역의 특징이다.

탄금대를 유명하게 한 또 하나의 사건은 임진왜란이다. 삼도수군
변제사로 임명된 신립 장군이 이끄는 조선군과, 당시 조선 침략 선봉
장인 고니시 유키나가(小西行長)의 일본군이 처절한 전투를 벌인 곳이
다. 당시 조선군에는 훈련을 받지 않은 병사가 많았다. 그래서 신립
은 달천이란 강을 뒤로 배수진을 쳤고, 자신의 특기인 기마부대를 앞
에 내세웠다. 하지만 질퍽거리는 논이 많았던 지역적 특성에 말의 기
동력을 잃고 전투에서 지자 탄금대에 몸을 날려 자결했다고 한다.

이 탄금대에서 불과 5분 거리에 충북 무형문화재 제2호, 청명주
를 만드는 '중원당'이 있다. 입구에는 100년이 넘는 한옥이 고즈넉
하게 자리 잡고 있는데, 5, 6대째 이곳에서 계속 터를 잡고 있는 충
북 무형문화재 김영섭 씨 집안의 가옥이다. 청명주는 김해 김 씨 가

문에 전해져온 민간약방문《향전록(鄉傳錄)》에 기록이 남아 있다. 국한혼용문으로 되어 있는 이 문헌을 바탕으로 조부가 청명주를 복원하고, 아버지인 김영기 씨는 1993년 무형문화재로 등록되었으며, 2005년부터는 아들 김영섭 씨가 전수자로 가업을 이어나가고 있다. 청명주는《향전록》외에도《주방문》,《음식보(飮食譜)》,《술 만드는 법》,《임원경제지》,《양주방》등의 문헌에도 수록되는 등 그 맛이 뛰어나서 다양한 문헌에서 발견된다. 조선후기 실학자 이규경의《오주연문장전산고》에서는 전국의 이름난 술로 평양의 감홍로, 한산의 소곡주, 홍천의 백주, 여산의 호산춘과 함께 충주의 청명주를 언급할 정도로 그 맛이 좋기로 유명했다.

문헌에 기록된 청명주 제법은 기본 찹쌀에 밀누룩을 사용하는 방법이다. 찹쌀로 고두밥을 짓고 통밀을 가루 내어 누룩을 띄우고, 술 담그기 하루 전에 찹쌀 죽을 한 솥 묽게 쑤어서 식힌다. 총 50일간의 발효를 거친 뒤 다시 50일간의 숙성, 완성되기까지 100일이 걸린다. 지금은 기술의 발달로 문헌보다는 발효 기간을 조금 단축시킬 수 있다.

현재 청명주는 충주의 농산물인 노은 찹쌀로 빚는다. 원래 청명주는 일 년 24절기 중 하나인 4월 청명절에 먹기 위해 담갔다고 전해지지만, 지금은 저온발효 등의 기술발전으로 사시사철 청명주를 빚을 수 있다.

**창완** 다른 곡주에 비해 청명주 도수가 좀 높다고 하던데요.

**명욱** 충주에서 마신 청명주가 문경새재에 가서 깬다는 말이
있었어요. 요즘에야 걸어서 그 길을 갈 경우가 거의 없겠
지만, 예전엔 걸어가야 했으니 꽤나 먼 길이죠. 그 먼 길
을 걸어야 술이 깰 정도였다면 옛날부터 청명주가 도수
가 높은 술로 유명하긴 했다 봅니다. 청명주는 무가당인
데도, 찹쌀의 함유량이 높아 맛이 달콤하며 진득합니다.
게다가 가열 처리를 하지 않고 생으로 마시는 술이라 특
유의 신선함이 살아 있죠. 술술 넘어가니 양껏 마시다 보
면 자기도 모르게 주량을 넘겨 마시지 않았을까요.

청명주는 문화적으로 무척 의미가 깊다. 농업을 기반으로 한 우
리 문화에서, 계절과 절기를 알려주는 중요한 술이기 때문이다. 다
만 청명주를 빚는 중원당을 방문하기 위해서는 반드시 예약을 하
는 것이 좋다. 가족들이 운영하는 작은 규모의 양조장이라 늘 술을
빚느라 분주하기 때문이다.

| | | | |
|---|---|---|---|
| **대표상품** \| 청명주 | | **제조사** \| 중원당 | |
| **유형** \| 약청주(주세법상 약주) | | **주소** \| 충청북도 충주시 중앙탑면 청금로 112-10 | |
| **알코올 도수** \| 17도 | | **전화번호** \| 043-842-5005 | |
| **재료** \| 쌀, 밀누룩 | | **체험 및 견학** \| 가능(예약 추천) | |

# 함양 개평한옥마을의 솔송주

× × ×

대한민국을 대표하는 선비의 마을이라면 어디가 있을까? 아마 많은 사람이 경상북도의 안동을 떠올릴 것이다. 류성룡 선생이 임진 왜란 이후 낙향해《징비록》을 썼던 하회마을부터 , 퇴계 이황을 기리는 도산서원까지 이루 말할 수 없이 다양한 유교 유산이 남아 있다. 그렇다면, 대한민국에는 양반의 흔적을 느낄 수 있는 곳은 안동이 유일할까? 여러 곳에 많은 유산이 남아 있지만, 의외로 덜 알려진 곳이 있다. 전라북도 장수군과 남쪽으로는 하동과 경계를 이루는 곳, 국립공원인 덕유산과 지리산이 감싸 안은, 천혜의 자연환경으로 둘러 싸인 곳, 조선 전기 성리학의 대가 정여창의 고향이며, 흔히 뼈대 있는 집안을 이야기할 때 꼭 등장하는 곳, 바로 경남 함양이다.

함양에는 아름다운 한옥 60여 채가 모인 개평한옥마을이란 곳이 있다. 입구에서 이 마을을 바라보면 좌우로 두 개울이 합류하고, 그 사이에 마을이 들어서 있다. 이곳의 이름인 개평, 내와 길의 형상이 낄 개(介)처럼 보인다고 해서 붙여진 이름이다.

선비의 고향이었던 만큼 문화재로 지정된 고택들도 상당히 많다. 중요 민속문화재 186호로 지정된 성리학의 대가 정여창 선생의 일두 고택, 경남 유형문화재 제 107호인 오담 고택, 풍천 노 씨 대 종가, 노참판댁 고가, 하동 정 씨 고가 등이 대표적이다. 수백 년 전의

박흥선 명인의 손에서 탄생한 다양한 명주들

삶의 방식을 고스란히 담고 있는 고택 60여 채가 굳건히 자리를 지키고 있다. 드라마 '토지'와 '다모' 촬영지로 활용되기도 했다.

이 개평마을에 또 하나의 멋진 공간이 있으니 명가원의 솔송주 문화관이다. 350년 전 고택의 모습이 그대로 살아 있는 박물관 같은 곳이다. 입구에 들어가면 전형적인 한옥 형태로, 마당은 물론 뒤로는 다양한 전통주 체험을 할 수 있는 소줏고리도 보인다.

이곳에서 명가원의 다양한 전통주를 시음할 수 있다. 꼭 술을 마시지 않고 그냥 거닐기만 해도 함양의 풍류가 자연스럽게 피부에 와닿는다.

명가원에서 빚는 전통주는 솔송주와 담솔이다. 솔송주는 백미에 솔잎과 송순을 넣어 빚는 약주이며, 담솔은 이를 증류한 증류식 소

출처 | 정희주 기자

솔송주를 발효시키고 있는 모습

주이다. 솔잎과 송순을 넣으면 특유의 향긋한 향을 내주기도 하지만, 천연방부제 역할을 해서 술의 산패를 막아준다. 솔잎과 송순은 마을 뒷산의 소나무 숲에서 채취한다. 솔잎은 가장 이른 봄에 채취하고, 송순은 늦봄에 채취한다. 이 시기 송순이 가장 생명력이 높기 때문이다. 이 솔송주는 조선 성종에게 진상했다고 알려져 있다. 그래서일까? 개평한옥마을의 소나무가 더욱 특별하게 느껴진다.

**창완** 고고한 선비의 기품이 고스란히 살아 있는 술 같아요. 이런 고아한 솔송주는 어떻게 마시는 게 가장 좋을까요?

**명욱** 상온에서 마시는 것이 좋습니다. 그래야 솔향이 가장 잘 느껴지거든요. 그러니 안주도 솔송주의 향을 해치지 않을 만한 담백한 음식이 좋은데, 함양이 연꽃밥이 유명합니다. 같이 즐기면 금상첨화죠.

이 솔송주를 빚는 사람은 경남 무형문화재이자 식품명인 제27호 박흥선 씨이다. 하동 정 씨 집안의 15대 며느리로 시어머니로부터 솔송주 빚는 법을 전수받았다고 한다. 최근에는 규모가 작은 가양주에서 한 걸음 더 나아가기 위해 산업화에도 힘쓰고 있다. 함양의 문화 상품인 솔송주를 알리기 위해 많은 양을 생산할 수 있는 대형 양조장도 별도로 운영한다. 전통에 과학이 접목한 좋은 예라 하겠다.

앞서 설명했듯이 함양은 빼어난 자연 환경으로 둘러싸여 있다. 위로는 덕유산, 아래로는 지리산, 그리고 가운데는 백운산이 있어 어떤 지역에 견줘도 뒤지지 않을 경치를 자랑한다. 영호남을 잇는 88고속도로와 가까운 만큼, 광주와 남원, 거창, 대구 근처를 방문한다면 언제든지 들러볼 만하다. 게다가 지리산 자락에는 다채로운 산채 음식 맛집이 많다. 대한민국 영호남의 이런 매력을 느껴 보고 싶다면 주저 말고 방문해보자. 지리산이 주는 아름다운 자연과 개평한옥마을의 고즈넉한 분위기 그리고 전통주의 맥을 이어 가는 명인이 이곳에 있으니 말이다.

| | |
|---|---|
| **대표상품** \| 솔송주 | **제조사** \| 함양 명가원 |
| **유형** \| 약청주(주세법상 약주) | **주소** \| 경상남도 함양군 지곡면 지곡창촌길 3 |
| **알코올 도수** \| 13도 | **전화번호** \| 055-963-8992 |
| **재료** \| 쌀, 누룩, 솔잎 | **체험 및 견학** \| 가능(예약 추천) |

# 김홍도가 그린 단양 8경과 단양 대강 양조장

×××

경부고속도로 서울 IC을 빠져나가 영동고속도로를 지나가면 백두대간이 자리 잡은 충북과 경북의 험한 산세를 가로지르는 중앙고속도로를 만난다. 이 중앙고속도로를 타고 가면 제천, 영주, 안동 등 문화와 역사 그리고 태고의 자연을 간직한 지역을 만날 수 있다.

국립공원 소백산과 월악산을 품은 곳, 단양팔경으로 잘 알려진 충북 단양군은 이 지역을 대표하는 곳이다. 조선의 건국 공신 삼봉 정도전 선생을 비롯해 단양 군수를 지낸 퇴계 이황, 추사 김정희와 단원 김홍도가 흔적을 남긴, 말 그대로 역사와 문화, 그리고 자연이 숨 쉬고 있기 때문이다. 그리고 이곳에는 90년 역사의 '대강 양조장'이 있다.

대강 양조장의 역사는 1918년부터 시작된다. 외증조부가 시작한 양조장은 3대 조국환 씨로 이어졌고, 현재는 4대 조재구 씨가 가업을 잇기 위해 대기업을 퇴직, 양조장 전반에 대한 운영을 맡고 있다. 2003년도에는 국내 최초로 검은콩 막걸리의 특허를 획득했고, 2004년도부터는 청와대에 막걸리를 납품, 이후 '대통령 막걸리'란 이름으로 마니아들에게 특별한 사랑을 받는 막걸리를 만들어냈다.

> **창완**  요즘은 막걸리 원재료는 물론이고 누룩 재료도 쌀로 하는 경우가 많은데, 대강 양조장 막걸리는 밀로 만든 누룩을 고수한다고 들었습니다. 이유가 있을까요?

○
김홍도의 사인암도


**명욱**　우리나라에서는 오래 전부터 밀로 만든 누룩이 흔했고,
막걸리 자체의 원료도 밀을 쓰는 경우가 많았거든요. 대
강 양조장 대표 조재구 씨는 밀 특유의 농후한 맛이 예전
막걸리의 향수를 느끼게 해주기 때문에 밀누룩을 고집한
다고 합니다.


대강 양조장이 자리 잡은 곳은 충청북도 단양군의 남쪽 대강면.
단양 IC로 빠져나오면 약 2분 거리에 있는 위치다.

대강면의 바로 뒤에는 소백산 죽령고개가 있다. 삼국시대부터 신
라와 고구려가 치열한 전투를 벌이던 요충지였던 이곳은 문경새재
(642m), 영동 추풍령(221m)과 함께 조선 시대 3대 고갯길 중 하나이

다. 죽령고개는 과거를 치르기 위해 한양으로 향하던 양반들과 봇짐을 멘 보부상들이 넘어야 했던 고개였다.

이런 죽령고개 자락에 위치한 대강면은 늘 오가는 사람으로 붐비는 곳이었고, 사람이 모이는 곳이니 자연스럽게 주막거리가 형성됐다. 지금은 주막거리가 있던 흔적은 많지 않으나 예전 명성 때문인지 특유의 향토 요리를 즐길 수 있는 음식점들을 많이 찾아볼 수 있다.

대강 양조장이 위치한 대강면(大崗面)의 한자를 풀어보면 지역의 어원이 무엇을 지향하는지 알 수 있다. 큰 대(大), 언덕 강(崗), '크고 부드러운 언덕'이라는 뜻인데, 바로 아름다운 자연과 완만한 산등성이로 유명한 소백산을 뜻하는 말이다.

조선 시대 천문지리학자 남사고(南師古)는 이 소백산의 모습을 두고 유명한 말을 남겼다.

> 허리 위로는 돌이 없고, 멀리서 보면 웅대하면서도 살기가 없
> 으며, 떠가는 구름과 같고 흐르는 물과 같아서 아무런 걸림이
> 없는 자유로운 형상이라 많은 사람을 살릴 산이다.

요즘 말로 한다면 '힐링의 언덕'쯤 될 것이다.

소백산 자락에 있는 대강 양조장 역시 힐링의 언덕에 자리잡은 곳답게 자연 속 '힐링 양조장'을 지향한다.

역사적 명소에 있는 우리 전통주와 양조장

○

대강 양조장 내에 있는 막걸리 박물관

대강 양조장에서는 소백산에서 채취한 솔잎과 직접 재배한 복분자를 첨가한 막걸리 원액(원주) 칵테일을 만드는 체험을 할 수 있다. 막걸리 만들기는 양조장에서 준비한 증기로 찐 고두밥에 소백산 천연수와 누룩을 넣어 잘 섞은 후, 마지막에 솔잎을 넣는 과정을 거친다. 솔잎이 천연 방부제 역할을 하기 때문이다. 송편을 빚을 때 그 아래에 솔잎을 까는 것과 같은 이유다.

이렇게 만든 걸쭉한 막걸리 원액(원주)을 체로 걸러 짜는데, 이때 원액 자체로는 맛이 너무 진하기 때문에 복분자 즙 같은 것을 넣어 칵테일로 만들 수 있다. 특히 복분자는 농약을 사용하지 않는 농산물로, 오직 소백산의 자연 환경으로만 길러진다고 해도 과언이 아니다.

막걸리 만들기 체험이 끝나면, 막걸리 발효실로 이동해 90년 세

대강 양조장에서의 체험.
이산화탄소($CO_2$)가 올라오는 느낌을 체험하고 있다.

월의 흔적을 간직한 항아리들과 만난다. 이곳 발효실에서는 막걸리
원액 자체가 가진 특유의 풍부한 향, 그리고 무엇보다 막걸리가 발
효될 때 발생하는 열을 바로 느낄 수 있다. 항아리 속의 막걸리 원
액에 손을 가까이 대보면 상당한 열이 나온다. 우리 선조들은 이 모
습을 보고 물과 불이 같이 있는 '수불'이라고 불렀고, 그것이 지금
의 '술'이란 단어가 되었다. 즉, '술'의 어원이 막걸리 원액이 발효되
는 모습에서 시작된 것임을 알 수 있다.

> **창완**  양조장에 갔다가 막걸리가 익는 모습을 본 적 있어요. 불
> 을 땐 것도 아닌데 물이 끓는 것처럼 기포가 올라오면서
> 부글부글 끓는 게 어찌나 신기한지.

대강 양조장의 다양한 막걸리

**명욱**  손을 대보면 더욱 놀랍습니다. 정말 물이 끓을 때처럼 열
이 올라오거든요. 효모가 당분을 분해할 때 나오는 열에
너지 때문에 열이 발생하고, 이산화탄소가 나오면서 부
글부글 끓는 거예요. 실제로 기포가 올라오고 열이 나고,
불을 때서 끓이는 것과 다를 바가 없죠.

대강 양조장은 2014년도에 갤러리와 체험관을 오픈했다. 이곳은
최대 40명 정도 되는 인원이 함께 막걸리를 빚을 수 있는 공간이다.
이곳에서 볼 수 있는 1960, 70년대 밀주단속 영상은 당시의 시대상
을 그대로 반영하는 재미있는 자료다. 특이한 것은 1980년대 초, 유
리로 만든 막걸리 병이 있었다는 것. 대강 양조장의 조재구 대표에
의하면 약 1년 정도 사용하다가 무겁고, 잘 깨진다는 이유로 얼마
안 가 사라졌다고 한다. 지금 우리가 아는 막걸리 병이 나오기 전

의 페트병 막걸리는 발효가 될 때마다 형태가 구부러지고 자주 쓰러졌는데, 이를 방지하기 위한 막걸리 병 홀더가 따로 있었다. 잡는 느낌이 마치 병나발을 하기에 딱 좋을 듯한 스케일이다.

대강 양조장을 중심으로 한 충북과 경북의 경계선에는 여기에 다 쓸 수 없을 만큼 다양한 지역 명소와 대자연이 만든 경승지가 있다. 우선 동남북으로 대강면을 품고 있는 소백산 국립공원이 있고, 서쪽으로는 단양팔경 제5, 6, 7, 8경인 사인암, 상선암, 중선암, 하선암과 월악산 국립공원이 있다. 서북쪽으로는 충주호와 단양팔경 중 제3경인 구담봉, 제4경 옥순봉 등을 유람선으로 즐길 수 있는 장회나루가 있다.

북으로는 남한강이 단양 군내를 지나가는데, 이곳을 지나면 바로 단양팔경 중 하나인 조선 건국의 일등공신 삼봉 정도전(鄭道傳)의 호가 유래된 단양팔경 제1경과 제2경, 도담삼봉과 석문을 만날 수 있다. 모두 대강 양조장에서 20분 내외의 거리에 있으며, 특히 단양팔경 중 5경인 사인암은 차로 불과 5분 정도의 거리이다.

조선 후기의 천재 화가 김홍도는 이 단양팔경 중 도담삼봉, 사인암, 그리고 옥순봉 등을 붓으로 담아냈다. 단양을 방문하기 전에 김홍도가 그린 모습과 눈으로 보이는 자연의 위대함을 비교해보는 것도 이곳에서만 누릴 수 있는 즐거움일 것이다.

**대표상품** | 검은콩막걸리      **제조사** | 대강 양조장

**유형** | 탁주      **주소** | 충청북도 단양군 대강면 장림리 113-7

**알코올 도수** | 6도      **전화번호** | 043-422-0077

**재료** | 쌀, 밀, 검은콩 등      **체험 및 견학** | 가능(예약 추천)

*CHAPTER 4*

만찬주로
선정된
전통주

**창완**  술이 받을 수 있는 최고의 명예가 무엇일까요? 가장 많이 팔린 술? 전문가에게 최고의 평점을 받은 술? 대회에서 상을 받은 술?

**명욱**  모두 맞는 말이지만, 한 가지 더 추가하자면 어렵고 귀한 손님이 왔을 때 상에 올리고 싶은 술 아닐까요.

**창완**  그러게요. 모두가 한마음으로 기다리고 기다린 잔칫상에 올릴 술로 뽑히는 것도 못지않은 명예겠네요.

**명욱**  이번 장에서 소개할 전통주들이 바로 그런 자리에 오른 주인공들입니다. 최고의 잔칫상에 선정된 술, 대통령 만찬주를 소개하겠습니다.

## 트럼프 만찬주, '풍정사계 춘'의 화양 양조장

××× 

약 10년 전, 적도 근처의 도시국가인 싱가포르에 살았던 적이 있다. 잘 알려져 있듯이 그 나라는 어디를 가나 깨끗한 거리에 초고층빌딩과 화려한 야경, 한마디로 모든 것이 완벽한 신도시이자 계획된 정비도시였다. 초기에는 이런 환경에 무척 만족하며 지냈는데, 시간이 가면 갈수록 이곳에서의 생활에 아쉬움과 허전함이 느껴졌다. 그것은 불편함이나 사람이 그리운 감정과는 다른 것이었는데 그 감정이 어디서 오는지를 잘 알 수가 없었다. 그러던 어느 날, 어느 외국 친구의 말 한마디에 그 감정이 무엇인지 알게 되었다.

그 친구는 어디를 가나 다 비슷해서 힘들다고 했다. 어디를 보든 똑같은 고층건물에, 계절마저 바뀌지 않으니 더욱 단조롭고, 늘 같은 것만 보다 보니 시간이 흐른다는 감각을 느끼기도 어렵고 허전했다고 한다.

생각해보니 한국은 계절적 풍요로움이 있는 곳이었다. 꽃이 만개하는 봄, 만물이 생기 넘치는 여름, 풍요로운 과실의 가을, 그리고 새하얀 눈으로 덮이는 겨울. 계절은 땅마다 지역마다 다른 기억과 추억을 선사했다. 한국은 추상적이거나 관념적이 아닌 현실적으로 시간을 흐름을 느낄 수 있는 곳이었다. 계절은 각각의 지역마다 색을 다르게 입혔고, 뚜렷하게 다른 계절 문화 속에서 한국의 음식문화는 풍요롭게 발전했다. 당연히 술도 계절에 맞게 달리 빚었다.

청주 내수읍에 있는 작은 양조장은 바로 그런 의미에서 너무나 한국적인 곳이다. 규모는 작지만, 사람의 추억이 서려 있고, 계절의 문화, 그리고 지역의 소박한 문화를 담아내고 있었다. 그곳의 이름은 풍정사계 화양 양조장이다. 양조장이 있는 곳, 풍정리의 사계를 담아 화합하는 마음으로 술을 빚었다는 뜻이다.

풍정사계 화양 양조장이 위치한 곳은 청주시 풍정리, 단풍 풍(楓), 우물 정(井)이란 이름에서도 알 수 있듯이 나무와 물이 좋은 곳이다. 옛 건물에 작은 간판을 걸고 있는 풍정사계 화양 양조장 안으로 들어서면 이곳이 양조장인지 그냥 가정집인지 고개를 갸웃거리게 된다. 그럴 수밖에 없는 것이 술을 빚는 이한상 씨 내외가 실제로 사는 집이기 때문이다. 양조장 안에는 아담한 마당이 있고, 뒤쪽으로는 10m나 될까 싶은 귀여운 동산이 양조장을 받쳐주고 있다. 양조장 건물이 있는 자리는 대표인 이한상 씨의 고모가 태어난 곳이라고 한다. 그리고 뒷동산은 어릴 적 숨바꼭질을 하던 곳이다. 가족의 추억과 기억이 깃든 곳이라 이곳에 터를 잡았다고 한다. 이곳에서 오직 부부의 손으로만 빚는 술이 바로 풍정사계(楓井四季)이다.

> **창완** 양조장 주인이 국문과를 졸업했다는 말을 듣고 그제야 이해가 됐어요. 양조장의 이름도 그렇고, 전통주 이름과 구성까지 모두 시적이네요. 감미로운 봄의 약주 춘, 향기로운 여름의 과하주 하, 부드럽고 맛있는 가을의 탁주 추, 깨끗한 겨울의 소주 동. 한편의 시 같다고 생각했거

든요.

**명욱**  창완님 역시 노래를 만드는 분이라 보는 눈도 다른 것 같
네요. 이름만 그런 것이 아니라 봄, 여름, 가을, 겨울, 사
계절의 특징을 고스란히 맛으로 살려냈다는 평을 받고
있습니다.

부부가 술을 빚기 시작한 것은 약 10여 년 전, 국문학을 전공한
이한상 씨는 계절과 지역 문화가 어우러진 한국의 전통주가 좋아
서 전주, 서울 가릴 곳 없이 술 빚는 법을 배우러 다녔다. 거기에 이
한상 씨의 아내인 이혜영 씨도 가세했다. 부부가 전통주 빚기에 매
료된 것은 발효의 신비한 매력에 푹 빠졌기 때문이라고 한다. 같
은 쌀로 술을 빚는다 해도 밥(고두밥), 떡, 죽, 베이스에 따라 맛이 천
차만별이었고, 발효 용기의 크
기도 술맛을 다르게 했다. 무엇
보다 어느 계절에 빚느냐에 따
라서도 술맛에 차이가 났다. 결
국 술에도 자연의 섭리가 깃들
어 있다는 것을 느낀 부부는 좋
은 술을 만들어 그 맛과 문화를
널리 알려보자고 결심한다. 그
리고 그 꿈을 이루기 위해 우리
고향, 우리 동네에서 자란 우리

○
풍정사계의 주원료 백설기

농산물로 술을 만드는 것에서 시작했다.

술빚기를 하다보니 부부에게 고민이 생겼다. 무엇을 베이스로 술을 빚을지에 대한 고민이었다. 앞서 설명했듯이 같은 쌀이라도 발효 베이스를 무엇으로 하느냐에 따라 맛이 달랐다. 밥, 떡, 죽 중에서 부부가 선택한 것은 떡, 그것도 백설기였다. 쌀을 곱게 갈아서 백설기로 만들고, 그 떡에 누룩과 물을 넣고 발효시키는 방법이다. 베이스를 백설기로 한 이유는 바로 맛의 조화 때문이다. 밥(고두밥) 으로 하면 맛이 날카로워질 때가 있었고, 죽으로 하면 너무 부드러 웠다. 그래서 백설기로 술을 빚어보니 어느 맛 하나 튀지 않고 뭉근 한 맛과 향이 났다고 한다. 이렇게 열과 성을 다해 빚은 술은 세상에 나오자마자 주목을 받았다. 양조장 등록한 지 1년도 안 되었는데 전통주 마니아들의 찬사를 받고, 농림부에서 주최하는 우리술 품평회에서 약주 부문 최우수상, 증류소주 부문에서도 최우수상을 수상한다. 그리고 2017년 11월, 트럼프 대통령 만찬주에 선정된다.

이곳 술의 또 하나의 특징은 바로 밀누룩을 쓴다는 것이다. 그것도 우리나라에서 많이 생산되지 않는 우리밀로 만든 누룩이다. 누룩은 발로 밟아 만들고 처마 밑에 매달아 발효 숙성시킨다. 흥미로운 부분은 밀누룩에 녹두를 넣는다는 점이다. 녹두누룩은 향온곡 (香醞麴)이라 해서 조선시대 궁중 내의원에서 빚던 방식이었다. 궁중에서 녹두누룩을 쓴 이유는 녹두 자체에 해독 기능이 있기 때문인데, 그래서 녹두죽은 아침 해장에 좋으며, 막걸리를 마실 때 녹두전을 많이 먹는 것도 이런 이유다.

하지만 녹두누룩은 전통누룩 중에서도 단백질 함량이 많아 만들기 어려운 축에 속했다. 단백질의 특성상 조금만 잘못하면 누룩에서 쉰내가 나고 발효가 잘 되지 않는다. 그는 10년간의 연습을 통해 세상에 내놔도 될 만한 녹두누룩을 만들어냈다.

> 창완 누룩에 녹두를 넣으면 발효도 잘 되지 않는다는데 그걸
> 감수하면서까지 넣은 특별한 이유가 있을 것 같은데요.
> 명욱 녹두가 몸에 좋기 때문이기도 하지만, 결국은 맛 때문입
> 니다. 이한상 씨가 추구하는 부드러운 맛을 내는 데 녹두
> 가 중요한 역할을 했다고 해요. 진짜 원하는 맛을 찾고
> 발현하기 위해 굳이 어려운 길을 택한 그의 열정이 참으
> 로 대단하다는 생각이 듭니다.

풍정사계에서는 꽃 피는 봄과 수확의 가을에는 술을 빚고, 여름에는 누룩을 중점적으로 만든다. 그리고 겨울에는 그 술을 숙성시킨다. 봄과 가을에 술을 빚는 이유는 그때가 온도가 15~20도 정도로 효모가 활동하기에 가장 좋은 환경이기 때문이다. 누룩을 띄우려면 고온다습한 환경이 필요하기 때문에 여름에 빚는 것이다. 겨울에 숙성하는 이유는 추운 날씨로 자연스럽게 저온숙성이 되기때문이다. 숙성기간도 길다. 막걸리는 보통 100일 숙성, 약청주는 150~200일 정도 숙성시킨다. 전통 증류식 소주는 동 증류기로 상

압 증류을 한 뒤, 약 2년 동안 숙성시켜 출시한다. 특히 약청주는 인위적인 압착을 하지 않고, 중력의 힘으로 천천히 앙금을 가라앉히고, 윗술만 떠서 만들어 더욱 자연의 맛에 가깝게 만들고자 했다. 재미있는 건 누룩을 발효시키는 공간이 따로 없다. 한여름에 연잎에 누룩을 싸서 처마 밑에 매달아놓는다. 발효에 딱 좋은 온도(30도 전후), 그리고 한여름의 높은 습도가 최상의 누룩을 만들어준다고 한다. 이렇게 해서 풍정사계 술에는 봄과 여름, 가을 겨울이 모두 포함되어 있다.

풍정사계의 술, 특히 약청주는 결코 화려한 맛은 아니다. 특별히 달지도 않으며, 최근 주류업계에서 유행한다는 과실 향도 적다. 막

○

풍정사계의 술 빚기

풍정사계 봄, 여름, 가을, 겨울. 봄은 약주, 여름은 과하주,
가을은 탁주, 겨울은 소주다

걸리처럼 짜릿한 맛도 아니며, 탄산이 있는 것은 더더욱 아니다. 그
런데 어느 하나 튀지 않는 맛의 밸런스가 이상적이라는 평가를 받
는다. 단맛도 적고 과실 향이 튀지 않아서 질리지 않고 오랫동안 천
천히, 식사와 함께 즐기기에 적당하다. 화려하지 않지만 그 단정한
모습이 더욱 매력적으로 다가온다고나 할까? 어색하지 않은 맛, 하
지만 결코 자주 접할 수 없는 맛, 그것이 풍정사계의 매력이다.

　풍정사계 화양 양조장에는 화려한 전시관도, 흥미진진한 체험도
없다. 하지만 앞서 설명했듯이 사람들의 추억이 서려 있고, 술에 대
한 철학이 확고한 사람이 있는 곳이다. 그리고 무엇보다 전통과 지
역 문화, 나아가 내 고향을 알린다는 의미를 품고 있다. 비록 특별

한 체험은 없지만, 미리 연락을 하고 방문한다면 따뜻한 성품의 부부가 양조장을 안내해줄 것이다. 어릴 적 뛰놀던 뒷동산, 그리고 고모가 태어난 집, 30평 내외의 작은 양조장과 사시사철 피는 꽃과 나무를 보여줄 것이다. 그리고 이제 막 숙성이 끝난 풍정리의 귀한 술을 맛볼 수 있을 것이다. 느티나무가 화려하게 가지를 내린 풍정리의 수려한 모습도 같이 즐겨보기 바란다. 여태껏 우리가 잊고 살던 내 고장, 내 고향에 온 듯한 마음으로 말이다.

| | |
|---|---|
| **대표상품** \| 풍정사계 춘 | **제조사** \| 화양 |
| **유형** \| 청주(주세법상 약주) | **주소** \| 충북 청주시 청원구 내수읍 풍정1길 8-4 |
| **알코올 도수** \| 15도 | **전화번호** \| 043-214-9424 |
| **재료** \| 맵쌀, 찹쌀, 밀누룩, 녹두 등 | **체험 및 견학** \| 별도 문의 |

## 평창 올림픽 개막식 건배주 오희를 만드는 문경주조

×××

2018년 2월, 평창 올림픽 만찬에 새빨간 술이 건배주로 등장한다. 북한 김영남 최고인민회의 상임위원장과 문재인 대통령이 건배한 술, 스파클링 오미자술 '오희'이다. 오희라는 술이 건배주로 선정된 이유에 대해서는 여러 후문이 있으나, 오희라는 이름 때문이라는 이야기가 많았다. 오륜기의 다섯 오(伍)와 일맥상통하는 이름이라는 해석이다. 거기에 축제의 축포를 의미하는 스파클링과 붉은색 역시 한몫했을 것이다. 그렇다면 오희의 진짜 뜻은 무엇일까? 이 술이 빚어진 곳, 문경을 잘 살펴보면 알 수 있다. 문경의 옛 이름은 문희경서(聞喜慶瑞), 과거 보러 가는 길이었던 문경새재를 통해 급제 소식이 들려온다는 '문경의 기쁨'이란 뜻이다. 그렇다면 오희의 뜻은? 글자 그대로 오미자의 기쁨이다. 그리고 문경은 오미자 최대 생산지이다.

　중부내륙고속도로와 중앙고속도로가 지나가는 소백산맥 지역은 수려한 호수 및 아름다운 산세를 자랑하는 곳이다. 대표적인 지역으로는 충주호의 충주, 월악산의 제천, 소백산의 단양이 있다. 그리고 이 세 지역과 모두 접하는 곳이 경북의 초입, 문경이다. 문경은 북으로는 수려한 산맥과 남으로는 낙동강을 뒤로 둔 분지 지역인데, 이 문경에서도 가장 오지라고 불리는 곳이 오미자 특구인 동로면(東魯面)이다. 소백산맥 남쪽 사면의 황장산(黃腸山, 1,077m), 대미산(大美山, 1,115m), 공덕산(功德山, 913m)으로 이어지는 높은 산에 둘러

쌓인 이곳에 특별한 양조장 '문
경주조'가 있다.

　문경주조는 고즈넉한 한옥 건
물이다. 문을 열고 들어가면 한
옥 특유의 공간인 마당이 펼쳐
지고, 발효실과 숙성실에는 경
북 무형문화재 상주 옹기장 정
대희 선생이 만든 항아리에서
향기로운 술이 익어가고 있다.
이곳에서 만들어지는 술은 모
두 경북에서 생산된 쌀로 만든

평창 올림픽 만찬주 오희

다. 마음 같아서는 문경에서 생산된 쌀만 사용하고 싶지만 지역 특
성상 쌀 수확량이 많지 않아서 안정적으로 공급받기가 쉽지 않다
고 한다. 그래서 최소한 경북에서 자란 쌀만 쓰겠다는 원칙을 고집
스레 지키고 있다.

**창완**　무형문화재가 만든 항아리에, 지역에서 나는 쌀만 고집
해 물보다 쌀이 더 많이 들어가는 배합으로 술을 만드는
과정까지, 어느 하나도 평범하거나 쉽게 가는 법이 없네
요.

**명욱**　문경주조의 술에 대한 철학은, 한마디로 최고의 작품을
만들겠다는 장인의 자세라고 할 수 있습니다. 그러기 위

경북 무형문화재 정대희 옹이 만든 항아리에서 숙성을 시키고 있다

해서는 무조건 지역 농산물을 써서 술을 빚어야 한다는
게 문경주조의 원칙입니다. 설사 수지타산이 맞지 않는
다 해도 말입니다.

　이곳에서 만드는 대표적인 전통주가 바로 프리미엄 막걸리 '문
희'이다. 문경의 기쁨이란 뜻을 가지고 있는 이 막걸리는 가만히 놔
둬도 맑은 부분과 탁한 부분이 분리가 잘 되지 않을 만큼 쌀의 비율
이 높다. 한 모금 마시는 순간 쌀이 가진 풍미와 단맛이 입안을 그
대로 감싸는데, 어떤 이는 이 단맛을 꿀맛 같다고 말하기도 한다.
옹기에서 100일 이상 숙성시켰으며, 이른바 쌀과 누룩 그리고 물만
들어간 무첨가 막걸리이기도 하다. 현재 서울 유명 전통주 레스토

문경주조의 프리미엄 막걸리 문희 탁주. 가운데 붉은 색은 오미자를 넣은 제품

랑에서 판매 중이다.

오희의 가장 큰 특징은 색과 탄산, 즉 스파클링이다. 먼저 경북의 쌀과 밀, 그리고 전통누룩으로 베이스가 되는 막걸리를 만든다. 이 막걸리부터 일반 막걸리와는 차이가 크다. 보통 막걸리의 발효기간은 1~2주지만 오희를 완성하기까지는 약 100일이 걸린다. 막걸리 발효에만 50일, 그리고 탄산이 나오게 하는 2차 발효에도 50일 정도 기간을 둔다. 1차에는 완전발효를 해서 효모가 당을 다 먹게 하고 알코올 도수를 최대치로 올린다. 이때 발생하는 탄산은 가두지 않는다. 2차 발효에서는 자연 탄산을 만들기 위해 밀폐된 숙성용기에 오미자를 넣고 가당을 한다. 이때 넣은 당을 효모가 먹고 탄산을 배출하는데, 밀폐되어 있기 때문에 도망을 가지 못하고 술에 녹아

든다. 그래서 탄산이 살아 있는 것이다. 저렴한 발포주는 인공적으로 탄산을 주입하는 것이지만 오희는 이렇게 재발효를 통해 자연 탄산을 만든다. 다만 이 과정에는 항아리를 쓸 수 없다. 완전히 밀폐된 환경이어야 하는데 항아리는 아무리 밀폐해도 숨을 쉬기 때문에 탄산이 빠져나간다.

양조장 뒤로 가보니 오미자의 고장답게 오미자를 재배하고 있었다. 오미자는 그 이름 그대로 다섯 가지 맛(단맛·신맛·쓴맛·짠맛·매운맛)을 가진 열매다. 문경주조는 지역 특산주를 만드는 양조장답게 문경의 오미자를 이용한 다양한 제품을 만들고 있다. 앞서 언급한 막걸리 문희에 오미자를 넣은 제품이 따로 있고, 오미자 막걸리, 오미자청도 만든다. 동로면 주변에는 같이 방문해볼 만한 매력적인 곳이 있다, 바로 오미자 IPA를 만드는 동네터 맥주, 요즘 아주 핫한 수제 맥주를 만드는 곳이다. 또한 백두대간에 둘러쌓인 동로면은 송이버섯의 주산지기도 하다. 그래서 동로면에는 유명한 송이버섯 전골 맛집, 돌마리 식당이 있다. 능이버섯과 송이버섯 요리 전문으로 화려한 인테리어는 없지만 산지만의 소탈한 매력이 느껴지는 식당이다. 문경주조와 동네터 맥주, 그리고 오미자 체험은 놓치기 아쉬운 동로면의 포인트 중 하나이다. 특히 오미자 수확철인 8, 9월에 가면 다양한 체험이 기다리고 있다.

그런데 단점이 하나 있다. 교통이 많이 불편하다. 중앙고속도로 단양 IC에서도 30분이 걸리며, 중부내륙고속도로 문경새재IC에서

문경 특산품인 송이버섯을 이용한 전골.
문경주조에서 걸어서 3분거리에 있는 돌마리 식당에서 맛볼 수 있다

도 40분이 걸린다. 정말 첩첩산중 오지 중 오지이다.

**창완**　어떻게 이런 오지에 양조장을 세웠을까요?

**명욱**　오지는 자연이 살아 있는 곳이니까 어쩌면 맑은물과 공
기가 있는 이런 곳이야말로 양조장이 자리잡기에 최적의
장소일 수 있어요. 홍승희 씨는 '술맛이 좋으면 아무리
찾기 힘든 곳에 있어도 사람이 끊이지 않는다'는 중국 속
담이 맞다는 것을 보여줬습니다. 그만큼 술맛에 대한 자
신감이 있었나는 말이겠네요.

　　문경주조의 홍승희 씨는 전통주 관련 업무만 40년 넘게 하고 있다. 업으로만 불혹의 나이 마흔에 다다른 것이다. 불혹이란 세상일에 정신을 빼앗겨 갈팡질팡하거나 판단을 흐리는 일이 없게 되었음을 뜻하는 말이다. 불혹의 세월 덕분일까, 홍승희 씨의 철학은 확고하다. 그저 술만 만들어 파는 것이 아니라 지역의 역사, 자연, 그리고 농산물을 널리 알리고 싶다고 한다. 그래서 더욱 우리 농산물을 고집하고, 좋은 재료와 도구로 정성스럽게 만든다. 문경주조는 자기네 제품만 알리는 데 그치지 않는다. 꼭 오미자 맥주, 오미자 와인, 오미자 음식, 송이버섯과 능이버섯 지역의 요리도 같이 즐겨 달라고 말한다. 그것이 문경을 알리는 길이기 때문이다. 오미자의 고장이자 예천, 영주, 안동의 선비들이 늘 지나가던 문경, 그리고 오미자 특구인 동로면은 문경의 다양한 매력을 느낄 수 있는 곳임에 틀림이 없다.

| | | | |
|---|---|---|---|
| **대표상품** \| 오희 | | **제조사** \| 문경주조 | |
| **유형** \| 탁주 | | **주소** \| 경북 문경시 동로면 노은1길 49-15 | |
| **알코올 도수** \| 8.5도 | | **전화번호** \| 054-552-8252 | |
| **재료** \| 쌀, 밀, 오미자 등 | | **체험 및 견학** \| 가능(예약 추천) | |

# 남북회담에는 무조건 등장하는 평양의 술, 문배술

× × ×

남북회담에서 가장 많이 건배주로 선정된 술은 아마도 이 문배술이 아닐까 싶다. 1990년, 2000년, 그리고 이번 2018년 남북정상회담으로 최소 3, 4번 이상은 건배주가 되었다. 이 술 자체가 좋은 술이기도 하지만, 무엇보다 출신 자체가 평양이라서 북한에서도 무척 좋아했고, 소통하기 좋은 술이었기 때문이다.

문배술이 본격적으로 태어난 것은 1946년이다. 해방 직후 세워진 평양의 평촌 양조장은 대지 7,000평의 거대한 소주 양조장에 직원만 80명이었고, 여기서 만든 문배 술이 워낙 인기가 좋아 평양 시의 1년 예산보다 문배술로 내는 세금이 더 많았다고 할 정도로 평양을 주름잡았다.

하지만 한국전쟁이 발발하고, 평촌 양조장을 이끌었던 이경찬 옹은 한국으로 월남, 한국에 양조장을 차리게 된다. 당시 북한의 술이란 이미지 때문에 그랬는지 문배술이 아닌 거북선이란 이름으로 술을 만들었는데, 역시 1960년대 전후로 양곡관리법 때문에 위기를 맞는다.

주변에서는 주정에 물을 타서 만드는 희석식 소주를 만들면 큰돈을 벌 수 있다고 설득했지만, 이경찬 옹은 문배술의 원료인 수수와 조로 술을 빚지 못하는 이상, 만들 의미가 없다며 문배술은 집안의 가양주로만 남게 된다.

그러나 그로부터 30여 년이 지난 1986년, 국가에서 서울 올림픽을 전후로 전통주 관련 무형문화재 기능보유자를 선정하면서 문배술을 빚어온 이경찬 옹이 중요무형문화재 86-가호로 선정되고 1990년 연희동에 문배술 양조원을 만들게 된다.

이후 문배술은 남북간의 회담에 빠지지 않는 단골 만찬주가 되었다. 연희동에 이제 막 양조장을 연 1990년, 북한의 연형묵 총리가 서울을 방문했을 때 남한의 술은 마셔보고 싶다고 하여 문배술이 등장하였으며, 2000년에는 김대중 대통령과 김정일 위원장과의 만찬주, 그리고 이번 문재인 대통령과 김정은 위원장과의 만찬주로 선정되었다. 그밖에도 소련의 고르바초프 대통령이 한국에 왔을 때 150병을 가져갔다고 하며, 노무현 대통령이 북한을 방문했을 때도 470병이 선발대에 실려 보내졌다고 한다. 북한과의 대화에서는 빠질 수 없는 술이 바로 문배술인 것이다.

참고로 문배술 맛을 본 김정일 위원장은 "문배술는 주암산(酒岩山) 물로 만들어야 제맛이지요."라고 이희호 여사에게 전했다고 한다. 주암산은 평양의 산으로 대동강 물의 원천이기도 하다.

말 그대로 술이 나온다는 뜻의 주암산과 관련해서는 흥미로운 전설이 있다. 삼국시대, 어느 효심 깊은 아들이 있었는데 아버지가 병에 걸렸으나 백약을 써도 효과가 없었다. 그러던 어느 날 땔감을 구하러 주암산에 올랐다가 낭떠러지 밑으로 떨어졌는데, 한참 뒤에 눈을 떠보니 그곳에서 그윽한 술 향이 나는 것이었다. 그 물을 떠서 아버지에게 가져가니 병이 나았고, 나라에서는 효자라며 상까지 내렸다고 한다. 조선시대 인문지리학서 《동국여지승람》에 나오는 내용으로 흥미로운 점은 단순한 전설이 아닐 수 있다는 것이다. 당시 주암산에는 고구려군이 주둔하여 엄청난 군량미가 있었던 곳이다. 따라서 만약 이 전설이 사실이라면 군량미가 지열에 의해 발효되어 흘러내리지 않았을까 추측도 가능하다는 것이다.

이런 전설이 있어서 그런지 일제강점기 시대에는 주암산 인근에 소주 공장이 부지기수로 차려졌다고 한다. 나중에 확인하니 이곳의 물은 남한의 흔한 화강암층이 아닌 석회암층 물이었다고 한다. 이 경찬 옹은 석회암층 물로 술을 만들면 중국의 마오타이, 프랑스의 꼬냑, 영국의 스카치위스키처럼 향이 좋고 맛도 달큰해진다며 언젠가는 남북경협을 통해 주암산 물로 문배술을 꼭 빚고 싶다고 전한 바 있다.

문배술은 기본적으로 수수와 조를 찌고, 밀누룩을 넣고 발효시킨 후, 증류 후 1년 이상의 숙성을 거쳐야 한다. 쌀을 사용하지 않고 수수와 조를 사용하는 이유는 북한이 남한보다 땅이 척박해 쌀이 귀했기 때문이다. 그래서 일제강점기에도 북한 쪽은 주로 소주를 많이 만들었으며, 남한은 막걸리를 많이 만들었다.

### 문배술의 현대적인 디자인

**창완** 문배술은 참 드라이한 맛이 매력이죠. 군더더기가 없어요.

**명욱** 네, 저는 맛도 맛이지만 이 디자인이 참 멋집니다.

> **창완** 마치 향수병 같네요. 와인바에서 팔아도 어울릴 듯한 했
> 세련된 디자인입니다.
>
> **명욱** 네, 이 문배술이란 서체는 지금 전수자의 할아버지이신
> 이경찬 옹께서 직접 쓰신 것이라고 하네요.
>
> **창완** 현대적인 디자인에 할아버님이 써주신 글씨라. 현대와
> 전통의 조합, 그 자체네요.

흥미로운 점은 이 문배술에서 강하지는 않지만 과실 향이 난다는 것이다. 좋은 곡물을 재료를 증류와 숙성을 잘하면 술에서 과실향이 난다. 곡물로 빚은 대표적인 술로 중국의 유명 술인 마오타이나 수정방이 있으며 은은한 과실 향을 느낄 수 있다.

문배술에서는 수수가 주는 까칠함과 거침, 그리고 건조한 맛이 그대로 느껴진다. 40도의 문배술은 마치 혀를 벅벅 닦아내는 듯한 드라이한 느낌이 강하다. 그래서 문배술은 기름기가 많은 육류와 잘 어울린다. 이왕이면 국물이 많은 전골이면 더욱 좋다. 그래서 개인적으로 이 술과의 최고의 궁합은 소고기가 듬뿍 들어간 어복쟁반이라고 생각한다. 진짜 문배의 향을 맡아보고 싶다면 서울 동대문구에 있는 명성황후의 능인 홍릉을 방문하면 된다. 그곳에 전국에 몇 안 되는 문배나무가 있다.

문배술은 3대 이경찬옹을 넘어 4대 이기춘 명인, 그리고 그의 아들인 이승용 씨가 전수자가 지켜나가고 있다. 하나 아쉬운 점은 문

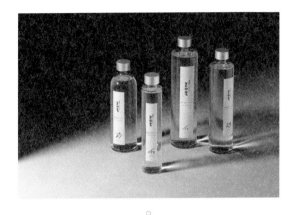

문경주조의 프리미엄 막걸리 문희 탁주. 가운데 붉은 색은 오미자를 넣은 제품

배술을 빚는 문배술 양조원이 기본적으로 견학을 받지 않는다는 것이다. 언젠가는 마트, 레스토랑에서도 문배술을 만날 수 있을 정도로 대중화되길 바라며, 또 한편으로는 직접 소통할 수 있는 양조장이 되길 기대한다.

현재 문배술는 23도, 25도, 40도로 만들고 있다. 23도와 25도에는 부드러운 맛을 내기 위해 쌀이 조금 들어갔고, 40도는 수수와 조, 밀 누룩으로 빚는다. 취향에 따라 골라 마실 수 있고, 도수가 높아 마시기 어렵다면 물이나 레몬, 탄산수 등을 넣어 마시기를 추천한다.

| | |
|---|---|
| **대표상품** \| 문배술 | **제조사** \| 문배술 양조원 |
| **유형** \| 증류식 소주 | **주소** \| 경기도 김포시 통진읍 서암리 203-4 |
| **알코올 도수유형** \| 23도~40도 | **전화번호** \| 031-989-9333 |
| **재료** \| 수수, 조, 밀누룩 등 | **체험 및 견학** \| 없음 |

## 한국의 대표적인 봄 술, 면천 두견주

× × ×

전통주에는 유명한 꽃술이 많다. 봄이 아직 오기 전의 매화꽃술, 이 제 막 봄을 알리는 개나리술에, 무릉도원을 꿈꾸는 복숭아꽃술 도 화주, 여름의 연꽃술과 가을의 국화술까지, 사시사철 제각각의 술 에 계절과 풍류가 담겨 있다. 그중 대표적인 꽃술이 있으니 바로 4 월의 한국을 붉게 수놓는 진달래로 빚은 면천 두견주이다. 한국의 봄을 알리는 대표적인 술 두견주가 4월에 열린 남북정상회담 건배 주로 채택되었다.

두견주는 고려의 개국공신인 복지겸 장군에서 시작된다. 충남 당진 면천 복 씨의 시조인 복지겸 장군은 궁예를 몰아내고 왕건을 추대하여 고려를 개창한 것을 잘 알려져 있다. 그런 그가 병이 들 자 그의 딸이 당진의 아미산에 올라가 100일 기도를 드렸고, 그 기 도의 응답으로 진달래꽃과 안샘이라는 면천면의 우물물로 100일 간 술을 빚고 암수 두 그루의 은행나무를 심으라는 계시를 받는다. 이렇게 하여 병이 나았다는 전설이 전해져 내려오는데 아마도 진 달래는 천식과 고혈압에 효능이 있고 은행은 치매와 야뇨증 치료 에 도움이 되기 때문이 아닌가 싶다. 두견주는 대를 이어 내려오다 1986년 서울 올림픽을 앞두고 김포의 문배술, 경주의 경주교동법 주와 함께 국가중요무형문화재 86 2호로 지정이 된다.

두견새는 봄이 되면 우는 뻐꾸기 중 한 종류이다. 이 두견새가 울

두견주

때쯤에 진달래가 핀다고 하며, 또 두견새가 밤새 울다 피를 토했는
데 그 피가 묻은 것이 진달래라서 두견주라는 이름이 붙여졌다고
도 한다. 진달래라는 이름은 진짜 달래란 뜻, 영어 이름은 아젤리아
(Azelea)로 척박하다는 의미다. 힘든 상황에서도 늘 연분홍 꽃을 피
우는 외유내강의 꽃이라 할 수 있다.

3만여 평 규모의 진달래 군락지가 조성되어 있는 아미산에는 해마다 4월이 되면 진달래꽃을 따려는 수많은 인파가 찾아온다. 여기서 채취한 진달래를 찹쌀을 주 원료로 한 술덧에 넣어 두 번을 빚고 100일간 발효 숙성시키면 두견주가 완성이 된다. 찹쌀로 시작한 만큼 들큰한 첫맛과 진득한 끝맛, 잔향에서 느껴지는 진달래꽃 향에서 응축된 봄을 느낄 수 있다. 참고로 집에서 두견주를 빚는다면 꽃술은 꼭 제거를 하고 꽃잎만 넣어야 한다. 아무리 진달래꽃이 식용꽃이라 하더라도 암술, 수술, 꽃받침 등에는 알레르기를 유발할 수 있는 성분이 있기 때문이다.

두견주는 진득한 맛의 술이다. 주재료인 찹쌀이 주는 맛, 찹쌀 특유의 찰기가 느껴진다. 100일 숙성답게 산뜻한 새콤함과 잘 익은 장맛도 올라온다. 진달래의 맛과 향은 잘 어우러진 양념처럼 튀지 않는다. 같이 먹는 안주로는 당연히 진달래 화전을 추천하고 싶다.

> **창완** 이번 남북정상회담에 왜 두견주가 쓰였을까요?
>
> **명욱** 이번 회담이 봄에 열리지 않았습니까? 그런 계절을 상징해서가 아닌가 합니다.
>
> **창완** 그럴 수 있겠네요. 공연 테마도 '봄이 온다'였지요. 향기로운 진달래 술, 두견주를 같이 마시면서 진정한 봄을 느껴보자는 취지였을 듯하네요.
>
> **명욱** 4월의 진달래와 진달래술시 운치 있는 회담이 되지 않았을까요?

현재 면천에는 두견주의 전설을 지키는 안샘과 은행나무가 그대로 자리를 지키고 있다. 면천 두견주의 양조 용수로 쓰이는 안샘은 끊이지 않는 물줄기로 평균수원 14~15도를 유지하며, 복지겸의 딸이 심었다는 은행나무는 현재 면천초등학교 교정에 자리잡고 있다. 현재 이 은행나무는 높이가 20m로 당진시 최고의 수령을 자랑한다. 면천에는 복지겸 장군의 사당이 있으며, 매년 4월에는 두견주부터 진달래꽃을 수매할 수 있는 '면천진달래민속축제'가 열린다. 서해안 고속도로 당진 IC에서 차로 10분 내외 거리에 있어 부담 없이 들러볼 만한 코스이다. 견학을 하고 싶으면 별도 상담하면 된다. 주변의 백련 막걸리를 만드는 신평 양조장 및 예산의 예산 사과와 이너리 등과 모두 30분 거리에 있으니 충남 술 여행으로 코스를 짜도 좋겠다.

| | | |
|---|---|---|
| **대표상품** │ 두견주 | **제조사** │ 면천두견주보존회 | |
| **유형** │ 약주 | **주소** │ 충청남도 당진시 면천면 골정길 27 | |
| **알코올 도수유형** │ 18도 | **전화번호** │ 041-355-5430 | |
| **재료** │ 찹쌀, 누룩, 진달래꽃 | **체험 및 견학** │ 가능(예약 추천) | |

CHAPTER 5

세상에
이런 술이

**창완** 여행을 계획할 때 가장 중요하게 생각하는 게 뭐예요?
지역? 숙소? 볼거리? 맛집? 체험?

**명욱** 아, 하나도 중요하지 않은 게 없네요. 그래도 누구랑 가느
냐에 따라 조금씩 비중이 달라지는 것 같아요. 그런 면에
서 이번 장에서 소개하는 양조장들은 특히 여행을 좋아하
는 가족에게 추천하고 싶습니다. 뛰어난 술맛과 다양한 먹
을거리는 기본에, 어린아이부터 어른까지 모두 만족할 만
한 여행지와 가까운 곳에 있는 양조장들이거든요.

### 카페 같은 양조장, 떠먹는 막걸리를 빚는 용인 술샘

× × ×

도쿄의 패션 중심지 중 하나인 롯폰기(六本木)힐스에서는 매년 독특

한 이름의 행사가 열린다. 새하얀 벚꽃이 휘날리는 시기에 진행되는 이 행사의 이름은 크래프트 사케 위크(Craft Sake Week).

일본의 축구 영웅인 나가타 히데토시(中田英寿)가 100여 곳의 일본 청주 양조장과 함께 기획한 이벤트로, 매일매일 달라지는 주제에 따라 약 10일간 다양한 사케를 세련된 공간에서 즐기는 행사다. 대상자는 롯폰기힐스를 즐겨 찾는 트랜드세터, 그리고 패션 리더들이다. 일본 내 중, 장년층의 전유물이었던 사케 문화를 젊은 세대에게 소개하는 데 목적이 있다.

이 행사 이름이 크래프트 사케인 이유는 기존의 틀을 깬 제품이 많기 때문이다. 도수를 낮추고 탄산을 가미한 스파클링 사케, 발효된 쌀을 이용한 쌀 주스, 발효할 때 물 대신 술을 넣어 귀하게 양조했다는 귀양주(貴醸酒), 여성 출입을 금기시하던 사케 양조장의 전통을 뒤집은 여성 공장장이 빚은 제품 등, 새로운 사케가 많이 등장한다. 이렇게 새로워진 사케는 고정관념을 가지고 있던 기존 고객에게는 신선한 변화를, 기존에 사케를 기피했던 소비층에게 새로운 인식을 심어줄 수 있었다.

사실 한국의 술도 변하고 있다. 막걸리도 더이상 청량감에만 연연하지 않으며, 숙성도 스테인리스 통에서 옹기, 오크통, 백자 등 다양하게 진화하고 있다. 또한 재료도 쌀, 밀, 머루, 오미자, 조, 콩 등으로, 발효 베이스도 밥에 그치지 않고 죽, 떡 같은 형태로 다양하게 넓혀가고 있다. 흥미로운 것은 이런 방식이 상당 부분 전통 방식에 바탕을 두고 있으며, 이런 도전들이 대기업이 아닌 설립 연수 10

년 이내의 소규모 양조장을 중심으로 시도되고 있다는 점이다.

사실 얼마 전까지만 해도 고문헌에 근거한 방식으로 만든 전통 주는 시장에서 상품성이 없다는 견해가 지배적이었다. 따라서 한국 전통주로는 고부가가치 상품이 만들 수 없고, 한국의 술은 늘 저가 상품이라는 인식에서 벗어날 수 없었다. 하지만 용기 있고 뜻있는 사람들이 옛 문헌의 레시피를 기본으로 술을 만들기 시작했고, 그 맛이 기성 제품을 뛰어넘는 가능성을 보여주면서 우리 전통주 시 장에도 새로운 바람이 불기 시작했다.

지역의 우수한 농산물을 재료로, 합성 감미료에 의존하지 않는 고부가가치 술을 만들면, 언젠가는 소비자가 알아줄 것이라는 신념 을 가진 양조장들이 하나둘 늘고 있다. 이번에 소개하는 양조장이 바로 전통을 살리되 고정관념을 깬 술, 요즘 말로 크래프트 술을 만 드는 곳, 남들이 뭐라 해도 내 길을 걷는 양조장 '용인 술샘'이다.

용인 술샘은 다른 양조장들과 달리 수도권인 용인에 있다. 영동 고속도로 양지IC 근처, 에버랜드하고도 20분 내외의 거리며 유 명한 백암 순대하고도 가깝다. 설립한 지는 이제 5년, 아직은 한창 성장하고 있는 곳이다. 양조장의 첫인상은 기존 양조장과 완전히 달랐다. 은은한 파스텔 톤의 건물은 숲속 팬시한 카페를 연상시킬 정도로 스타일리쉬했다.

더불어 봄볕을 받으며 몸을 맡기고 싶은 벤치와 나무, 그리고 잔 디가 있는 트랜디한 공간이다. 건물의 구조를 살펴보면 지하 1층이 양조장, 1층은 카페, 2층이 체험장이다. 쉽게 이야기해서 체험과 견

매력적인 색감의 술취한 원숭이

학, 그리고 커피 한잔이 한 곳에서 가능하다.

**창완** '전통'이라는 단어가 주는 고루한 느낌 때문일까요? 젊은이들은 전통주가 구세대만의 문화라고 생각하는 것 같아요. 한마디로 전통주는 힙하지 않다? 전통주에 조금 더 관심을 가지게 할 수 있는 새로운 노력도 필요해 보여요.

**명욱** 그런 고민을 아주 적극적으로 현실화한 곳 중 하나가 '용인 술샘'입니다. 마치 진득한 그리스 요거트처럼 숟갈로 떠먹는 막걸리 '이화주'는 술은 꼭 마셔야 한다는 발상에서 벗어나 먹는 재미를 있는 전통주예요. 빨간 색감이 매력적인 '술 취한 원숭이'는 작명 센스부터 남다르죠. 양조장과 함께 감각적인 인테리어의 카페를 함께 운영하면서 젊은이들의 호평을 받고 있습니다. 에버랜드도 가까우니 연인들의 데이트 코스로도 훌륭합니다.

이곳에서 술을 빚는 사람은 기아 자동차 엔지니어 출신의 신인건 대표이다. 공학도 출신인 그는 어릴 적 할머니가 술을 빚는 모습을 많이 보며 자랐다고 한다. 그 기억을 되살려 10여 년 전 방배동에 위치한 가양주연구소에서 술 빚기를 연마했고, 그중 뜻있는 5명이 모여 2012년도에 양조장을 설립하고, 2015년에 이곳 용인 양지면으로 이전한다. 산업화되지 않은 수제 전통주다 보니 처음에는 무조건 다 손으로 할 수밖에 없었다. 술의 원료인 떡을 만드는 일, 쌀 씻기 등 모든 작업의 효율성이 무척 떨어졌다. 그게 답답해서 자신이 직접 술 빚는 기계를 만들었다. 엔지니어 출신인 그의 재능이 빛난 순간이었다.

신인건 대표에게 질문을 하나 던졌다. 추구하는 술맛이 무엇인지, 어떤 맛을 염두에 두고 술을 빚느냐는 질문이었다. 사실 문학인 표현 같은 것은 기대하지 않았다. 그가 엔지니어 출신이기에 섬세한 표현은 어려울 것이라 생각했기 때문이다.

그러나 의외의 대답이 돌아왔다. 그가 추구하는 맛은 바로 '비 온 뒤 숲의 향'이라는 것이다. 문헌에 있는 전통주를 만들어보니 기존의 기성제품과 다른 '비 온 뒤 숲의 향'이 느껴졌다고 한다. 이 맛을 추구하기 위해 그는 양조장을 운영하고 있다는 대답이었다.

**창완** 사실은 자동차 엔지니어가 빚는 전통주라고 해서, 어쩐
지 어울리지 않는다는 생각을 했어요. 물론 어디까지나
맛을 보기 전 얘기입니다. 시설은 이과적인지 몰라도 맛
은 충분히 문과적이었으니까요.

**명욱** 신인건 대표는 엔지니어 출신의 장기를 십분 살려서 설
비를 기계화하고 공정을 현대적으로 바꾸었지만, 술의
맛에 대해서만큼은 전통을 고수하고 있습니다. 문헌에
나온 전통주를 만들면서 느꼈던 '비 온 뒤 숲의 향'을 재
현해내는 것이 그의 목표라고 하니까요.

떡으로 발효시킨 떠먹는 막걸리 이화주, 조선시대의 홍주를 복원
한 빨간 막걸리 '붉은 원숭이', 그리고 고기의 잡내를 없애주고 육질
을 부드럽게 해주는 누룩소금 등이 용인 술샘의 베스트셀러들이다.

떠먹는 막걸리 이화주는 알코올도수 8% 정도로 크리미한 식감
과 생술 특유의 산미가 살아 있다. 빨간 막걸리 '붉은 원숭이'는 마
치 색소를 잔뜩 넣은 것 같은 색감이지만, 문헌에 근거한 붉은 누룩
'홍국'을 사용해 발효한 술로 토마토 같은 향미와 살짝 짠맛도 느껴
지는 개성 넘치는 술이다.

최근에는 용인 백옥 쌀을 이용해 무첨가 약주 '감사'와 상압 동증
류기를 이용해 만든 알코올 도수 54도 증류식 소주 '미르'를 출시
했다. 신기하게도 신인건 대표가 추구하는 술맛을 알게 된 이후로
는 모든 술에서 '비 온 뒤 숲의 향'이 느껴졌다.

떠 먹는 막걸리인 이화주를 포함한 용인 술샘의 다양한 전통주 라인

 이곳이 매력적인 또 하나의 이유는 상시적인 시음 체험이 가능하다는 점이다. 영동고속도를 지나다가 가볍게 들릴 수 있는 위치적 장점도 있다. 양지IC 교차로에서 나가면 바로 나온다. 방문하면 떠먹는 막걸리 이화주와 빨간 막걸리 '붉은 원숭이', 무첨가 약주 '감사', 그리고 54도짜리 증류식 소주 '미르'도 시음해볼 수 있다.

 운이 좋아 신인건 대표를 만난다면 지하 1층의 양조장 견학을 통해 술에 대한 그의 생각도 들어볼 수 있다.

 가장 좋은 방법은 예약을 하고 방문하는 것이다. 이화주에 들어가는 떡도 직접 빚어보고, 누룩도 만들어본다면, 우리 문화에 대한 재발견이 가능하다. 앞서 설명했듯 가까이에 에버랜드도 있고 백암순대도 있다. 특히 백암순대는 차로 10분 내외에 있어 이 주변에서 꼭 가봐야 하는 코스 중 하나다. 재래시장을 좋아한다면 백암 오일 장에 맞춰 가는 것도 추천한다.

한국의 술은 일제강점기와 근현대에 걸쳐 너무나도 획일적으로 발전해왔다. 집에서 술 빚는 것이 금지되었고, 술의 주요 원료였던 쌀을 이용할 수도 없었다. 덕분에 쉽고 빨리 취할 수 있는, 저렴한 주류만 남고 그토록 다양했던 우리 전통주들은 아주 희미한 흔적 만 남기고 사라지고 말았다.

'비 온 뒤 숲의 향'이 느껴지는 술을 빚는 양조장, 용인 술샘은 옛 문헌 속에 되살릴 만한 가치가 있는 전통주가 있다는 것을 보여준 곳이다. 값이 비싸더라도 가치가 있다면 언젠가 소비자들이 찾아줄 것이라는 뚝심 하나로 양조장을 일궈나가고 있다. 이곳에서 잃어버 렸던 술의 가치를 발견할 수 있기를 기대해본다.

| | |
|---|---|
| **대표상품** ㅣ 이화주 | **제조사** ㅣ 용인 술샘 |
| **유형** ㅣ 탁주 | **주소** ㅣ 경기 용인시 처인구 양지면 양지리 114-14 |
| **알코올 도수** ㅣ 8도 | **전화번호** ㅣ 070-4218-5225 |
| **재료** ㅣ 쌀, 쌀누룩 등 | **체험 및 견학** ㅣ 가능(예약 추천) |

## 오메기떡으로 술을 빚는 제주샘주

× × ×

제주도의 대표 술 하면 다들 무슨 술이 떠오를까? 한라산 소주? 또는 우도 땅콩 막걸리를 떠올리는 사람이 많을 것이다. 하지만 제주도를 진짜로 대표하는 술은 따로 있다. 바로 오메기술이다.

이름에서도 알 수 있듯이 오메기술은 오메기가 베이스다. 그럼 오메기는 무엇일까? 바로 제주도에서 나오는 차조의 제주도 사투리, 즉 좁쌀이다. 이 차조로 만든 떡이 오메기떡이고, 술로 만든 것은 오메기술이다. 제주도가 차조로 떡을 빚고, 술을 빚었던 이유는 간단하다. 토양이 현무암이라 물을 담을 수 있는 논을 만들기가 힘들고, 밭에서 기를 수 있는 차조 등이 주요 곡물이었기 때문이다.

오메기술을 만드는 방법은 재료가 차조인 것을 제외하면 일반 막걸리와 거의 비슷하다. 일단 오메기떡을 만들고 누룩을 넣고 버무리면 10일 이내에 알코올 도수 10도 내외의 술이 완성된다. 여기에서 맑은 술을 떠내면 오메기술 청주가 되며, 탁한 부분을 놔두면 오메기술 탁주가 된다. 이 청주를 증류한 술이 고소리술이다. 현재 이렇게 오메기술을 만드는 곳은 두 곳으로 '제주 고소리술 익는 집'과 애월읍의 '제주샘주'다. 두 곳 다 주재료인 밀부터, 좁쌀, 보리까지 모두 제주도산을 고집한다.

몽골의 소주 전래 부분에서 설명했지만 오메기술과 관련해 가장 가장 적극적인 홍보와 나양한 제품을 만드는 곳이 애월읍의 제주샘주다. 애월은 삼별초가 최후까지 항전을 한 항파두리 유적지와

○
제주샘주의 대표 술인 오메기술과
고소리술 사진 앞에 선 김숙희 대표와 따님

목호의 난을 물리친 새별오름이 있는 역사적으로도 특별한 곳이다. 농식품부 찾아가는 양조장으로 지정되어 관람객 및 체험객도 많이 찾아온다.

제주샘주의 오메기술은 쌀이 주재료에 차조를 넣어서 만든다. 그래서 쌀의 담백한 맛이 살아 있다. 개인적으로 생각하는 제주샘주의 가장 큰 체험 포인트는 물이다. 양조장 마당에서 나오는 샘물로 술을 빚는데, 제주도 연수 특유의 부드러운 맛이 특징이다. 최근에는 아주 흥미로운 제품도 출시를 했다. 제주도 감귤 껍질을 활용한 니모메란 술이다. 니모메란 '너의 마음에'란 제주도 말로, 약주지만 마치 감귤 술과 같은 질감이 있다.

주변에 있는 더럭분교, 곽지해수욕장 등도 같이 들러볼 만한 명

고소리술 익는 집의 김희숙 씨와 전수자

소이다.

**창완**  오메기술은 차조로만 만드나요?

**명욱**  오메기술은 제주를 대표하는 술이에요. 논이 귀했던 제
주도에서는 당연히 쌀도 귀했습니다. 밥 먹을 쌀도 없는
데 쌀로 술을 담글 수는 없었겠죠? 하지만 지금 제주샘
주의 오메기술에는 차조보다 쌀이 훨씬 많이 들어갑니
다. 담백한 쌀 베이스에, 쌉싸름한 맛의 차조는 색을 입
히는 역할이라고 할까요.

'제주 고소리술 익는 집'은 성산일출봉 근처의 성읍민속마을 안

에 있다. 제주도 무형문화재 제11호 김을정 씨의 며느리 김희숙 씨가 운영하는 곳으로 원래 술을 판매하는 것보다 다양한 체험과 소통에 중점을 둔 곳이다. 최근에는 제품을 출시, 다양한 소비자와 만나고 있다. 제주도가 많이 개발되었지만 민속촌 주변은 아직 자연이 잘 보존되어 있다. 특히 성읍민속마을은 지대가 높아 새벽이면 찬 이슬을 먹고, 낮이면 강한 햇살을 받아 좋은 누룩이 만들어진다는 것이 김 전수자의 설명이다. 이곳에서 만든 술은 2017년 조선비스 대한민국 주류대상 전통주 부문을 수상했다.

두 양조장 모두 오메기술와 고소리술(제주도 전통소주)의 시음은 물론, 빚기 체험이 가능하지만, 제주샘주의 경우 좀더 다양한 체험이 가능하다. 고소리술 칵테일, 제주도 감주인 쉰다리 체험, 그리고 오메기떡 체험을 할 수 있다.

한국의 전통주는 크게 두 종류로 나뉜다. 가문의 술과 지역의 술이다. 가문의 술은 집안 제주로 쓰거나 손님 접대를 위해 빚었던 술이다. 대표적으로 경남 함양의 솔송주, 그리고 문경의 호산춘 등이 대표적이다. 또 하나는 지역의 술이다. 서천의 한산 소곡주, 안동의 안동소주 등이다. 오메기술과 고소리술은 가문의 술보다는 지역의 술이다. 지역 누구나 빚던 술이며, 원료와 명칭 하나하나가 모두 지역을 나타낸다.

**명욱** 현대화되고 트랜디한 곳을 찾는다면 '제주샘주'가 좋고,

옛스러운 것을 더 선호한다면 '제주 고소리 술 익는 집'
이 마음에 드실 겁니다. 아무튼 애주가들에게는 두 곳 다
매력적인 곳입니다.

**창완**  안 그래도 갈 곳 많은 제주도 여행에서 꼭 들리고 싶은
곳이 생겼네요. 이런 게 바로 행복한 고민이죠.

---

### 제주샘주

**대표상품** | 오메기술  **제조사** | 제주샘주
**유형** | 맑은 술(약주)  **주소** | 제주 제주시 애월읍 상가리 1997-1
**알코올 도수** | 13도  **전화번호** | 064-799-4225
**재료** | 쌀, 밀, 조릿대, 구연산 등  **체험 및 견학** | 가능(예약 추천)

---

### 제주 고소리술 익는집

**대표상품** | 고소리술  **제조사** | 제주고소리술익는집
**유형** | 증류식 소주  **주소** | 제주 서귀포시 표선면 성읍리 1410-1
**알코올 도수** | 40도  **전화번호** | 064-787-5046
**재료** | 차조, 보리, 전통 누룩  **체험 및 견학** | 가능(예약 추천)

## 대한민국 최고의 오미자술을 빚는 문경 오미나라

××××

위스키, 와인 등은 가격이 높아도 당연하다고 생각하지만, 유독 우리나라 술에 대해서는 그 가치를 인정하지 않는 것이 현실이다. 외국의 술은 수십만 원, 수백만 원도 나름의 가치가 있다고 생각하지만, 우리나라 제품에 대해서는 전혀 납득을 하지 못한다. 이런 현실에 반기를 든 곳이 있다. 바로 국내 최고가 브랜디 고운달을 만든 문경의 오미나라 와이너리다. 고운달의 소비자 가격은 약 40만 원에 육박한다. 위스키라면 조니워커 블루와 맞먹는 가격이다. 그런데 의외로 이 술이 잘 팔린다. 개별 소비자들이 맛과 향을 인정한 것도 있지만, 5성급 호텔 및 프리미엄 요리 주점 등에서도 주문이 많다. 그렇다면 이 술은 어디서 만들고 있을까? 바로 한반도의 배꼽이라 불리는 문경, 그것도 문경새재 바로 옆에 있는 오미나라라는 와이너리다.

오미나라가 위치한 곳은 문경새재에서 차로 3분 거리에 있는 옛 주막거리가 있던 곳이다. 멀리 죽령산(1,106m), 주흘산(1,106m) 등 백두대간을 바라보며 자연의 정취를 느낄 수 있는 아름다운 고장이다. 오미자 와인이 본격적으로 시작된 것은 2007년, 스코틀랜드, 프랑스 상파뉴에서 양조학을 공부하고, 30년 동안 대한민국 대표 양주를 만들던 마스터 블렌더 이종기 씨가 영남대에 양조학을 개설하면서부터이다. 이내 2010년에는 오미자를 이용한 와인 제조방법에 대한 특허를 취득, 2011년에 세계 최초의 오미자 스파클링 와인

○
오미자 스파클링 와인 오미로제

'오미로제'가 탄생한다.

이종기 씨는 유학 시절, 한국의 술에 대한 다른 나라 사람들의 악평에 충격을 받고 한국의 지역 농산물로 만든, 한국의 문화를 품고 있는 가치 있는 술을 만들겠다고 결심했다고 한다. 그런 고민 끝에 선택된 것이 우리나라에서 많이 나는 오미자였다. 누구도 하지 않았던 새로운 재료, 새로운 방법이었다. 세계 최초의 오미자 와인은 이렇게 지역의 농산물로 최고의 술을 만들겠다는 꿈에서 시작되었다.

> **창완** 이종기 씨는 가장 많이 팔린 국산 양주 들을 직접 개발한
> 양주 마스터였다고 들었는데요. 오미자로 술을 만들게
> 된 계기는 뭘까요?

동증류기 앞에서 설명하는 오미나라의 이종기 씨

**명욱** 이야기는 이종기 씨의 유학 시절로 거슬러 올라갑니다. 1990년 에딘버러의 헤리옷 와트 대학원에서 양조학을 공부할 때, 교수의 제안으로 학생들이 자기 나라 대표 술을 가져와 모두 다 같이 비교 시음을 했는데, 오직 그가 가져온 한국의 술, 인삼주만 악평을 받았다고 합니다. 맛으로도 좋지 않은 평을 받았지만, 지역의 문화나 재료의 특성이 살아 있지 않았던 것이 가장 큰 이유였다고 하네요. 그때 한국에서 나는 농산물로 한국의 문화를 대표하는 가치 있는 술을 만들겠다고 결심했다고 합니다.

오미자로 와인을 만들겠다고 했지만, 막상 만들어보니 너무나도 어려운 점이 많았다. 이유는 오미자의 복잡한 맛과 성분 때문이다.

○
와인의 침전물을 아래로 집중시키는 리들링작업을 진행하는 모습.
정통 프랑스 샴페인 방식이다

포도는 성분이 주로 당분과 수분 위주라 효모가 생육하기에 좋은 조건이지만, 오미자가 가지고 있는 단맛 외의 신맛, 쓴맛, 매운맛, 짠맛은 실질적으로 발효를 방해하는 성분이었기 때문이다. 그래서 일반적인 포도로 와인을 만들면 알코올 발효에 2~4주 정도 필요하지만, 오미자로 발효해보니 일반 과실주와는 달리 발효에만 15배 이상, 즉 1년 반이란 시간이 걸렸다.

발효된 이후에 스파클링 와인을 만들기 위해서는 자연스럽게 올라오는 풍성한 탄산이 필요했다. 비용 절감만을 위해서라면 인공 탄산 주입기 등 다양한 방법이 있었으나, 그가 선택한 것은 고집스러운 정통 샴페인 발효방식이었다. 와인을 넣은 병 하나 하나에 추

가적인 보당(補糖)을 함으로써, 효모로 하여금 2차 발효를 하게 해
서 부산물인 탄산이 자연적으로 와인 안에 용해될 수 있게 만드는
방식이다. 발효 이후에는 또 다시 1년 반을 숙성, 결과적으로 1000
일을 발효 숙성해 만드는 와인 '오미로제'가 탄생한다. 그리고 이
1000일을 발효 숙성한 오미로제를 증류, 또다시 1000일을 숙성한
술이 오미자 브랜디 '고운달'이다. 결과적으로 '고운달'은 2000일
이상을 투자해야 완성되는 것이다. 현재 이렇게 정통 프랑스 방식
으로 스파클링 와인을 만드는 곳은 오미나라가 국내 유일하다.

> **창완** 이름부터 다섯 가지 맛이 난다고 해서 오미자잖아요. 물
> 에 잠시 우리기만 해도 음료로 마실 수 있는 다양한 맛의
> 열매이니 와인의 재료가 되기에 정말 제격이었겠네요.
>
> **명욱** 네, 오미자는 음료로 만들기에 매우 훌륭한 특성을 가지
> 고 있는 게 맞죠. 하지만 음료로서는 장점이었던 여러 가
> 지 복합적인 성분들이 발효를 방해하는 방부제 역할을
> 하는 게 문제였습니다. 보통 한두 달이면 발효가 되는 포
> 도와 달리 오미자는 무려 1년 반의 발효 기간을 거쳐야
> 했는데요. 그런데도 포기하지 않고 도전했던 이종기 씨
> 의 끈기와 신념이 대단한 거죠.

오미나라를 방문하면 다양한 오미자 와인 체험을 할 수 있다. 특
히 5월에 가면 오미자 꽃을 볼 수 있고, 8월 말에서 9월에 가면 탐

스럽게 영근 오미자의 붉은 빛깔을 감상할 수 있다. 오미나라에는 아담한 오미자 터널이 있는데, 오미자 향을 맡아보는 것도 매력 있는 체험이다. 와이너리 안에 들어가면 오미자 발효 향이 코끝을 가득 채운다. 봄, 여름, 가을, 계절에 따라 달라지는 모습을 보며, 발효, 숙성 과정을 볼 수 있다. 그리고 숙성실에 즐비한 오미자 와인 숙성용 오크통들도 볼 만하다.

내부로 들어가면 거꾸로 걸쳐놓은 샴페인 병을 볼 수 있는데, 이는 더욱 맑은 샴페인을 만들기 위한 방법으로 와인의 침전물을 아래로 집중시킨 후, 급속냉동을 통해 침전물을 얼린 후, 탄산의 압력으로 침전물을 밖으로 튕겨 나가게 하는 정통 프랑스 샴페인 방식이다. 지렛대를 응용한 장치로 코르크 마개를 와인병에 넣어볼 수도 있고, 나만의 와인을 만들어 가지고 갈 수도 있다.

무엇보다 오미자 샴페인, 오미자 스틸 와인 그리고 이 와인들을 증류한 오미자 브랜디 '고운달'을 맛볼 수 있는 것이 가장 큰 매력이다. 최근에는 문경 사과를 이용한 브랜디 '문경바람'도 출시, 서울의 레스토랑 등에서 호평을 받으며 판매되고 있다. 참고로 일반적인 증류주는 높은 도수의 술을 만든 다음에 물을 넣어 도수를 맞춘다. 그런데 오미나라의 브랜디는 물로 알코올 도수를 맞추지 않는다. 증류를 통해 올라오는 저도수의 증류주와 고도주를 블렌딩하여 알코올 도수를 맞춘다. 요즘 말로 물을 타지 않은 술인 것이다. 예약을 하고 방문하면 다양한 체험과 브랜디 시음도 가능하다.

세계 최초의 오미자 스파클링 와인 오미로제

하지만 배가 고프면 뭘 해도 재미가 없는 법이다. 배를 채우고 구경을 가든지, 끝나고 배를 채우든지 둘 중에 하나는 확실히 해야 한다. 그런 면에서는 문경의 오미자 고추장을 이용한 석쇠구이 삼겹살을 강력하게 추천한다. 석쇠 위에서 지글지글 구워지는 고기의 붉은 빛깔, 기름이 좔좔 흐르는 그 모습은 보기만 해도 없던 입맛이 살아난다. 같이 나오는 더덕구이와 산채나물 역시 문경의 자연이 그대로 느껴질 만큼 신선한 맛이 살아 있다. 오미로제와 함께 즐기고 싶다면 문경새재 내의 문경식당을 추천한다. 이곳에서 따로 오미로제 와인을 주문해도 되고, 와이너리에서 가져와도 추가 비용 없이 편하게 즐길 수 있다.

문경시에서는 오미자를 활용한 다양한 술이 만들어지고 있다. 오미자 와인을 비롯해 오미자 막걸리, 오미자 맥주 등도 인기가 높다.

특히 와이너리 오미나라와, 오미자 특구인 동로면의 연결고리는 상당하고 인기다. 문경새재에서 차로 40분이라는 다소 먼 거리에도 불구, 장대한 백두대간의 모습을 한눈에 볼 수 있고, 프리미엄 수제탁주 '문희'를 만드는 '문경주조'와 오미자 IPA를 만드는 수제맥주 '동네터 농원'을 모두 돌아볼 수 있기 때문이다. 오미자는 아니지만, 문경에서는 유서 깊은 전통주 역시 만들어지고 있다. 황희정승의 후손인 장수 황 씨 가문에서 만들어지는 문경 호산춘이다. 서울이나 부산에서 아침 7시쯤 출발해서 부지런히 움직이면 하루 만에 다 둘러볼 수도 있다. 문경새재 야외공연장에서 오미자 축제도 열린다. 생오미자를 비롯해, 오미자청, 오미자차, 그리고 오미자 와인, 오미자 막걸리, 오미자 맥주까지도 모두 참여하고 각종 공연에 체험이 다양하게 준비되어 있다.

| | |
|---|---|
| **대표상품** \| 오미로제 스파클링 와인 | **제조사** \| 오미나라(제이엘) |
| **유형** \| 과실주 | **주소** \| 경상북도 문경시 문경읍 진안리 83 |
| **알코올 도수** \| 12도 | **전화번호** \| 054-572-0601 |
| **재료** \| 오미자 등 | **체험 및 견학** \| 가능(예약 추천) |

CHAPTER 6

추억의
양조장을
찾아서

**창완** 몇 년 전부터 국내여행에서 핫 이슈로 떠오르는 테마가
있어요. 100여 년 전 개화기 전후의 근대문화가 녹아든
건축물을 찾아가는 여행인데요. 오래된 성당이나 일제
시대 은행 건축물과 일본식 적산가옥들이 지난 세대의
문화를 겪은 이나 겪지 않는 이 모두에게 어떤 향수를 불
러오는 것 같아요.

**명욱** 바로 그 테마에 딱 어울리는 게 바로 오래된 양조장을 찾
는 여행입니다. 100년 전 모습을 고스란히 간직하고 있
는 양조장들은 유적처럼 용도나 쓸모가 바뀌지 않고 현
재도 여전히 술을 빚는 기능을 수행한다는 점에서 더욱
의미가 있습니다. 화려한 치장이나 깜짝 놀랄 만한 설비
같은 것은 없지만, 소박하게 본래 자기 모습을 지켜나가
며 지역의 문화를 담은 술을 빚고 있는 양조장으로 여행

을 떠나보시죠.

## 아버지와 할아버지 세대의 추억이 물씬, 논산 양촌 양조장

××× 

종교 건축물이나 은행, 관공서 못지 않게 매력적인 근대문화유산 가운데 막걸리 양조장이 있다. 양조장 역시 시대적 상황 때문에 생겨난 건축물이다. 일제강점기 시절, 가양주가 금지되면서 본격적으로 양조장이 생겼다. 그 전에는 집에서 빚는 가양주 형태나 주막 형태의 하우스 막걸리 같은 개념이었다면, 세금 징수의 수단이 되면서 술도 산업화가 시작된 것이다. 그 중심에 양조장이 있었다. 아픈 역사를 배경으로 탄생한 양조장, 그렇지만 아직은 손에 잡힐 듯한 추억을 그대로 담고 있는 곳, 충남 논산의 양촌 양조장을 찾아가보자.

양촌 양조장은 충남의 끝, 전북 익산을 눈앞에 둔 논산에 있다. 많은 사람들이 '논산'이라는 말을 듣고 논산 훈련소를 떠올렸을 것이다. 부끄럽지만 이곳을 방문하기 전까지는 나도 그랬다. 하지만 논산은 한반도 호랑이상의 단전에 해당하는 곳으로 지리학상 힘의 원천이 있는 곳이라고 한다. 게다가 아름다운 금강이 감싸고 있는 기름진 논산평야 덕에 질 좋은 농산물이 생산되는 곳이다. 그리고 드라마나 영화의 단골 소재로 등장하는 백제 마지막 결사대와 김유신의 전투, 황산벌이 바로 이곳에 있다.

젓갈로 유명한 논산의 강경읍은 100년 전 평양, 대구와 함께 전

추억의 양조장을 찾아서

양촌양조장의 전경

국 3대 시장으로 꼽혔다. 금강을 통해 중국과 일본의 배가 들어와
서 원산과 함께 2대 포구로 이름을 날렸기 때문이다. 역설적이게도
그런 덕에 일제강점기 시절에는 수탈의 현장이 되기도 했다. 충남
최초의 우체국이 세워졌고, 충남에서 최초로 전기가 들어왔다. 아
직도 논산에는 당시 건축물이 상당 부분 남아 있다.

양촌 양조장은 논산 양촌면에 있어 금강의 지류를 바라보고 있
고, 계룡산으로 이어지는 풍광은 편안하며 운치 있는 모습이다. 사
람들이 흔히 떠올리는 따뜻한 시골의 모습 그대로이다. 양촌 양조
장의 첫인상은 시골에 있는 평범하고 오래된 건물 같다는 느낌이
었다. 건축 시기는 1930년대로 알려져 있다. 하지만 내부에 들어가
자 본격적인 매력을 느낄 수 있었다. 우선은 오래된 양조장임을 인
증하듯 우물이 보인다. 1920~30년대 만들어진 양조장에는 내부에

우물이 있는 경우가 많았다. 1920년대 만들어졌다는 경북의 영양 양조장에도 우물이 있다. 하지만 양촌 양조장은 이 우물 형태를 보존하면서 (호스로 끌어올리긴 하지만) 여전히 우물물을 사용하고 있다. 덕분에 겨울에도 물의 온도는 일반적인 상수도에 비해 무척 따뜻하다.

건물은 2층인데 아래층은 발효실, 위층은 고두밥을 식히던 곳이었다. 고두밥을 잘 식히지 않으면 온도가 너무 높아 효모의 활동에 영향을 줘서 술이 쉬어버릴 수 있기 때문이다. 그래서 위 층에서 고두밥을 식혀 아래층으로 바로 내려보내는 구조로 되어 있다. 이런 구조는 일본의 많은 양조장에서 볼 수 있는 구조다. 다만 바닥을 두꺼운 송판 사이 왕겨를 채워 단열을 하고, 벽에 황토를 바르고 백화로 마감한 것은 한국의 고유한 문화다.

양촌 양조장 뒤뜰로 가면 시대적 배경을 가진 유산이 많다. 1950년대까지 증류식 소주를 이곳에서 만들었기에 소주를 옮기는 항아리부터, 철심으로 꿰맨 막걸리 항아리도 볼 수 있다. 술을 짜던 100년 전 도구와 일본식 누룩 틀도 있다.

정원에는 이 양조장을 더욱 특별하게 해주는 카페가 있다. 1960, 70년대 막걸리 판매창고로 쓰이던 건물을 카페로 변신시켰다. 겉모습은 영락없이 시골 창고지만 안을 들여다보면 귀엽고 정겨운 인테리어로 꾸며져 있다. 창밖으로는 금강지류인 인내천이 흐르는 평화로운 양촌의 모습이 한눈에 들어온다. 창 밖 풍경이 마치 한폭의 동양화처럼 보이기도 한다.
마침 양조장에 방문했을 때가
논산의 곶감 축제 기간과 가까
워서 곶감과 논산 명물인 딸기
가 안주로 나왔다.

양촌 막걸리는 지역에서 생산되는 친환경 우렁
이 쌀로 만들어 진다.

**창완** 양촌 양조장은 100년
전 모습을 그대로 가지
고 있군요. 특히 우물물
을 마실 수 있다니 추억
을 새록새록 돋게 하는
군요.

**명욱** 신기하게도 그 우물물이 여름에는 시원하고 겨울에는 따
뜻하더라고요.

**창완** 아마 계절에 따라 우리가 느끼는 기분이 그런 것이지 그
우물물의 온도는 늘 같을 겁니다. 늘 한결같은 마음으로
요. 우리도 그렇게 살아야겠죠?

**명욱** 우물물 같은 한결같은 모습이라. 왠지 멋진데요?

양촌 양조장의 체험은 양조장 견학 및 우물물 맛보기, 막걸리 시
음 등 다양하게 있지만, 무엇보다 막걸리 짜기를 해볼 수 있는 것이
특징이다. 그것도 일반적인 6도 내외의 막걸리가 아닌 15도 전후의

막걸리 원주, 물을 가수하기 전의 막걸리 원액이다. 맛도 맛이지만 막걸리 원액의 쌀 향 때문에 이곳이 양조장이라는 것을 물씬 느낄 수 있다. 예전에는 양조장에 따로 간판이 없었다고 한다. 술 향기로 사람을 불러 모았기 때문이다.

  양촌 양조장은 지역의 문화를 품고 있는 양조장답게 쌀도 지역 것만 고집하고 있다. 양조장에서 쓰는 쌀이 나오는 곳은 논산시 은진면으로, 전역이 낮은 구릉 지대로서 벼농사와 과수 재배가 활발한 곳이다. 이곳에서 생산되는 햅쌀과 친환경 우렁이 쌀로 막걸리와 동동주를 빚는다. 특이한 것은 밀과 쌀을 반반 넣어 두터운 맛이 난다는 점이다. 그리고 누룩(입국) 균도 일반적인 막걸리 양조장에서 사용하는 백국균뿐만 아니라 주로 청주에 많이 사용하는 황국

양촌 양조장 막걸리 시음

균도 사용한다. 백국균은 맛을 상큼하게 하고, 황국균은 마일드한 맛을 내는 것이 일반적인데 두 가지 맛을 오묘하게 조화시켰다. 얼마 전에는 우렁이쌀 청주라는 무감미료 술도 출시했다.

이 양조장의 체험 프로그램은 어떤 면에서는 별로 세련되지 않다. 체계화되어 있는 것도 아니며, 특별히 다양하지도 않다. 천혜의 자연환경이 있는 것도 아니며 전문적인 문화 해설사가 있는 것도 아니다. 하지만 늘 도시에서 쫓기듯 살아온 현대인에게, 본질로 돌아온 듯한 편안함을 준다. 아버지의 고향에 온 듯한 느낌이다. 오랜 세월 자리를 지켜온 양조장 사장님과의 대화는 우리가 평소 잊고 사는 가치를 다시 한번 생각하게 한다. 꼭 양조장이 아니더라도 이렇게 소박한 지역 문화를 체험하고 그것을 만들고 지켜온 사람과 대화할 수 있는 곳이 많이 생겼으면 좋겠다. 우리의 정신적 고향은 도시가 아닌 지역에 근거하기 때문이다.

| | | | |
|---|---|---|---|
| **대표상품** | 우렁이쌀 손막걸리 | **제조사** | 양촌 양조장 |
| **유형** | 탁주 | **주소** | 충남 논산시 양촌면 인천리 380-4 |
| **알코올 도수** | 7.5도 | **전화번호** | 041-741-2011 |
| **주재료** | 우렁이쌀 등 | **체험 및 견학** | 가능(예약 추천) |

## 밀 반 쌀 반의 막걸리 양조장, 상주 은척 양조장

×××

차를 타고 서울에서 부산을 갈 때, 이제 반 정도 왔네 하는 생각이
드는 지역이 있다. 백두대간이 횡으로 종단하는 속리산 문장대의
시작이자 태곳적부터 서울로 가는 교통의 요지였던 곳, 경주와 함
께 경상도란 이름을 만든 상주 이야기다. 지금은 인구 10만의 작은
도시지만, 경상도란 이름에서도 알 수 있듯이 과거엔 지금보다 화
려한 이력을 가진 곳이었다. 이런 곳에 반세기 이상 막걸리를 만드
는 곳이 있으니, 상주 안에서도 더 깊은 상주에 있는 상주시 은척면
의 '은척 양조장'이다.

양조장이 위치한 은척면은 백두대간의 지류인 작약산(芍藥山,
760m), 칠봉산(七峰山, 598m), 남산(南山, 822m) 등에 둘러싸인 분지에
있다. 은척의 어원은 은으로 된 자인데, 설화에 따르면 이 자로 사
람의 키를 재면 그 사람은 평생 죽지 않고, 심지어 죽은 사람 옆에
만 갖다놓아도, 다시 살아난다고 한다. 그런데 이 은자가 이 지역에
숨겨져 있어서 지명이 은 은(銀) 자 척(尺), 은척면이 되었다는 것이
다. 재미있는 것은 금자, 즉 금으로 된 자도 있고, 그것 역시 사람을
살린다 하는데 그 금자는 경주의 건천면에 숨겨져 있어서 두 마을
은 서로 자매결연을 맺기도 했다.

은척면 한가운데는 맑고 아담한 개울이 있는데 이 개울을 끼고
약 100m 정도 올라가면 멋진 잔디와 나무로 마감한 건물을 볼 수

은척 양조장을 운영하는 임주원 씨

있다. 바로 이곳이 은척 양조장이다. 호적상 설립 시기는 1963년, 반세기가 흘렀다. 하지만 실제로 술을 빚은 것은 해방 이전부터라는 것이 대표 임주원 씨의 설명이다.

**창완** 은척 막걸리는 쌀 막걸리의 느낌과는 달리 묵직한 무게감과 특유의 부드러운 산미가 매력적이네요.

**명욱** 쌀과 밀의 장점을 고루 살리기 위해 쌀 반, 밀 반 배합으로 술을 빚는다고 합니다. 뿐만 아니라 누룩까지 직접 빚으니 맛이 좋을 수밖에 없죠.

**창완** 그런데 이렇게 성공적으로 양조장을 운영하는 임주원 씨도 한때 양조장 술 빚는 일을 그만두려고 했었다는 이야기를 들었어요.

**명욱** 임주원 씨가 독실한 기독교 신자거든요. 종교적인 신념과 술을 빚는 일이 맞지 않는 것 같아서 그만둬야 하나 고민했다고 합니다. 하지만 어느 날 '막걸리는 술이 아니라 음식'이라고 말해준 손님 덕에 마음을 다잡고 양조장을 더욱 발전시키는 계기가 되었다고 해요. 저는 그 손님이 참 고맙네요.

현재 은척 양조장은 3대를 이어오고 있다. 특징은 아들이 아닌

○
은척 양조장 밀누룩방

며느리가 이어받았다는 것인데, 1대 이동영 씨가 설립한 은척 양조장을 2대에는 맏며느리인 임주원 씨가 이어받았다. 3대가 내려오는 양조장은 꽤 있지만, 며느리가 이어받는 경우는 흔한 일은 아니다. 그때가 약 20년 전으로 초기에는 여성이 양조장을 이어받았다고 주변에서 편견 섞인 말이 많았다. 하지만 이내 임주원 씨는 양조장 위생을 개선하고 맛을 더욱 좋게 해서, 은척 양조장 막걸리를 더욱 널리 알린다. 특히 상주와 구미에서 이 막걸리의 인지도는 꽤 높다. 며느리로 이어진 양조장은 지금은 그의 아들과 며느리가 이어받고 있다.

은척 양조장에서 만드는 막걸리는 밀 반 쌀 반의 반반 막걸리로 제품명은 '은자골 탁배기'이다. 은자골은 은척면이란 이름을 한글로 풀어 쓴 이름인데, 탁배기는 막걸리의 경상도 사투리로, 한마디로 은척면 막걸리란 뜻이다. 이 막걸리는 수도권이나 대도시 인근에서 만드는 쌀 베이스의 막걸리와는 다른 독특한 풍미가 있다. 특히 기존에 쌀 막걸리에서 느낄 수 없는 밀의 묵직함과 독특한 산미가 살아 있다. 누룩 역시 기존의 흩임누룩(입국)과 직접 발로 밟아 만든 전통 수제 방식의 누룩을 반반씩 활용한다. 누룩 빚는 날이면 가족들이 모두 모여 열심히 밟아, 은척면의 맑은 공기 속에서 말린다. 모든 재료를 우리 농산물로 하고 싶지만, 저렴한 막걸리의 가격대에 비해 우리 밀 가격이 너무 높아서, 쌀만 상주산을 쓰고 있다. 조만간 우리 밀과 우리 쌀로 만든 프리미엄 막걸리도 곧 출시할 예

은자골 탁배기와 흑돼지 삼겹살

정이라고 한다.

양조장을 방문하면 견학 및 누룩 빚기 등 다양한 체험이 가능하지만, 무엇보다 이제 막 짜낸 막걸리를 마셔보는 시음 체험이 눈여겨볼 만하다. 물을 전혀 섞지 않은, 알코올 도수 15도 전후의 막걸리 원주도 마셔볼 수 있다. 여유 있게 막걸리도 한잔하고 여행을 더 즐기고 싶다면 이곳에서 운영하는 게스트 하우스에서 묵으면 된다. 웬만한 팬션보다 크고 깨끗한 단독주택을 통째로 빌릴 수 있다. 다만 이 모든 것을 제대로 즐기기 위해서는 사전 예약은 필수다.

상주는 곶감과 배, 사과로 유명하지만, 또 맛있는 것이 있으니 돼지고기다. 양조장에서 도보 100m 떨어진 곳에 돼지농장에서 운영하는 흑돼지 전문점이 있는데, 다양한 부위와 맛깔난 음식이 매력적이다. 특히 이곳 흑돼지는 담백하고 고소한 맛과 많이 먹어도 속이 부대끼지 않는 맑은 기름이 특징이다. 거기에 밀 반 쌀 반의 풍미와 산미가 살아 있는 은자골 탁배기를 한잔 들이키니 그 조화가 아주 탁월했다.

　백두대간과 낙동강이 지나가는 상주에는 여러 명소가 있다. 속리산 국립공원부터 낙동강 지류를 한눈에 볼 수 있는 경천대 등이 대표적이다. 은척면은 문경으로도 이어지며 문경은 또 예천으로 연결된다. 모두 문경새재, 회룡포, 금당실 마을 등 역사와 문화의 이야깃거리가 풍부한 곳이다. 막걸리 여행의 매력은 이렇게 유서 깊은 곳을 같이 만날 수 있다는 것이다. 교과서 속 문화재만 보다가 직접 보고 경험함으로써 잃어버렸던 지역과 나와의 관계를 회복시키는 역할을 한다. 화려하지 않지만 소박하고 정감 있는 막걸리 여행을 통해 다양한 지역 문화와의 소통을 즐길 수 있다. 여유를 느끼기 어려운 도시 생활, 기회가 된다면 따뜻한 봄날에 양조장을 한번 방문해보기를 추천한다. 어쩌면 잃어버린 여유를 잠시나마 찾을 수도 있으니 말이다.

| | |
|---|---|
| **대표상품** \| 은자골 탁배기 | **제조사** \| 은척 양조장 |
| **유형** \| 생막걸리 | **주소** \| 경북 상주시 은척면 봉중2길 16-9 |
| **알코올 도수** \| 6도 | **전화번호** \| 054-541-6409 |
| **재료** \| 쌀, 밀 등 | **체험 및 견학** \| 가능(예약 추천) |

## 아름다운 정원을 가진 양조장 해남 해창 주조장

× × ×

서울에서 서해안 끝자락인 목포를 향해 달리기를 약 4시간, 그리고 그 목포에서 다시 남해 방면으로 달리기를 약 40분, 총 거리 400km의 대장정을 마무리하면 한반도 최남단인 땅끝마을이 있는 해남에 닿는다.

해남은 아름다운 리아스식 해안을 가진 해변도로로 잘 알려져 있다. 최근에는 이순신 장군을 주인공으로 한 영화가 흥행을 하면서 '울돌목'과 '우수영'이 주목을 받기도 했다. 그리고 유네스코 인류무형문화유산인 강강수월래가 본격적으로 우리 역사에 등장한 곳이 바로 이곳이다. 전투 당시 수적인 열세를 만회하기 위해 진도와 해남의 여성들에게 남성 옷을 입혀 해안의 산자락을 돌며 강강수월래를 부르게 했다는 것은 잘 알려진 이야기이다.

이렇게 아름다운 자연과 역사, 문화가 살아 숨쉬는 해남에, 최근 특히 주목을 받고 있는 양조장이 있으니, 아름다운 정원을 가진 '해창 주조장'이다.

해창 주조장이 위치한 곳은 해남군 화산면 해창리, 이곳은 남해의 해양성기후 그리고 북쪽의 대륙성기후가 마주치는 점이지대(漸移地帶)로 지평선이 보일 정도의 55만 평 광활한 갈대밭과 50만 마리의 철새가 모이는 철새도래지 '고천암'이 있는 곳이다.

철새는 주로 11월 중순부터 2월 말까지 서식하는데 세계적 희귀종인 가창오리, 황새, 먹황새 등 대표적이다. '고천암'은 '서편제',

해창 주조장 전경.
작은 일본 성 같은 느낌도 있다

'청풍명월' 등 아름다운 대한민국의 자연을 담은 영화의 촬영지로 활용되었고, 넓은 갈대밭과 철새군무를 촬영하기 위해 11월 중순부터 수많은 유명 사진작가가 모이기도 한다. 또한 우리 문학계의 거장인 김남주, 고정희 두 시인의 고향 마을인 만큼 매년 추모제도 열리고 있다.

해창 주조장에 들어가면 우리나라 전통 가옥과는 사뭇 다른 정원과 건물의 모습을 볼 수 있다. 1920년대에 일본인에 의해 만들어진 일본식 건축 양식이다. 90년의 세월 동안 많은 부분이 바뀌었지만, 사면에 조성된 넓은 창이나 나무로 짠 미닫이문에서 당시의 건축 양식을 느낄 수 있다. 아직도 고운 꽃을 피우는 600살이 넘었다는 배롱나무부터 육백나무, 동백나무, 그리고 돌마다 수놓은 듯한

273

초록 이끼, 인간과 자연이 함께 만든 정원의 아름다움을 그대로 느낄 수 있다.

정원 중앙에는 연못이 있고, 그 가운데에는 세상의 중심이라는 수미산(須彌山)을 만들어 세워 불교의 이상세계를 정원으로 표현했다. 일제강점기에 만들어진, 일본의 영향을 받은 형식이지만, 이제는 찾아보기 힘든 1920년대의 문화를 알 수 있는 중요한 유산이라고 보는 데에는 이견이 없다. 현재 이 양조장 반경 50m에는 당시 90년 전 사용되었던 창고 및 주택, 방앗간이 여전히 그 옛 모습을 지키고 있다.

이곳을 운영하는 오병인, 박미숙 부부는 약 11년 전인 2007년에 서울을 떠나 이곳에 정착했다. 지역의 여러 막걸리를 찾아 다니던 중, 해창 주조장에서 빚는 해창 막걸리를 만났다. 머나먼 해남에서 올라온 해창 막걸리 특유의 담백한 맛에 반한 부부는 자연스럽게 해남 여행 겸 해창 주조장을 자주 방문하게 됐다. 그리고 짜릿하게 푸른 해남의 하늘과 막걸리에 완전히 반해버린 부부는, 마침내 아예 짐을 싸들고 이곳에 오게 되었다고 한다. 새로운 곳에서 적응하기까지는 힘든 부분도 있었지만, 이제는 주변 해남 사람들과 소소한 허물도 나눌 수 있는 이웃사촌이 되었다.

부부는 좋은 막걸리를 빚기 위해 끊임없이 노력하고 있다. 귀촌 전, 그리고 귀촌 후에도 농식품부에서 지정한 전통주 교육기관은 물론 국세청에서 진행하는 양조공학 관련된 교육까지 모두 수료하고 또 실습으로 실력을 다져왔다. 10년 넘게 술을 만들어왔지만, 부

추억의 양조장을 찾아서

해창 주조장을 운영하는 오병인, 박미숙 부부

부는 늘 조심스럽다고 한다. 효모란 미생물이 온도와 습도 변화에 워낙 민감해서, 정성을 들여 돌보지 않으면 이내 술맛이 변해버린 다는 것이다. 그래서 술 빚기는 늘 조심스럽게, 아기를 다루듯이 정 성을 다해 임한다.

부부의 하루는 새벽 5시부터 시작된다. 물에 불린 해남 쌀로 고 두밥을 짓고, 해남의 물을 넣어 막걸리를 빚는다. 모든 공정은 수 작업이다. 무거운 쌀을 옮겨 씻고 불리고, 넣고 빼고를 수작업으로 반복해야 하는 만큼 상당한 노동이 필요한 일이다. 이렇게 일주일

275

인공 감미료를 넣치 않은 해창 막걸리

간 빚어지는 양은 총 1000L이다. 해남 쌀 180kg으로 빚는 양으로, 이 이상은 빚지 않는다. 대신 일반적인 750mL가 아닌 넉넉한 양의 900mL 병에 담아 판매한다. 우리 막걸리의 본질은 넉넉하게 나누는 마음에 있다고 보기에, 푸짐하게 주자는 것이 부부의 방침이다. 몇 년 전부터는 아예 인공감미료를 넣지 않고 술을 빚고 있다. 자연적인 해남의 매력을 더욱 잘 살린 술을 빚는 것이 부부의 소망이라고 한다.

**창완** 막걸리에 반해서 바닷가 마을로 이사까지 하다니, 한편

의 영화 같은 이야기네요. 아름다운 해남에서 막거리를
빚는 부부의 이야기가 참으로 풍광 못지않게 아름답습니
다.

**명욱** 막걸리는 빚는 일 말고, 부부의 일상에서 즐겁고 중요한
일이 하나 더 있습니다. 바로 막걸리 배달인데요. 해남
곳곳으로 막걸리 배달을 가면 늘 아름다운 풍광과 순박
하고 다정한 사람들이 부부와 막걸리를 반겨준다고 합니
다. 자기가 빚은 막걸리를 직접 배달하는 부부의 일상이
참으로 인상적입니다.

서울에서 400km나 떨어져 있는 곳이지만 이곳을 찾는 손님들은
적지 않다. 특히 작년에는 명량해전에서 이순신 장군과 전투를 했
던 일본군 장수의 후손이 이곳을 찾았다. 비록 조상은 이순신 장군
과의 싸움에서 전사를 했지만, 이순신 장군의 전술과 능력, 그리고
인품을 가문 대대로 존경해왔다는 것이다. 그래서 자신들의 조상이
전사한 명량(울돌목)을 찾고, 동시에 가까운 해창 주조장까지 방문했
다. 최근에는 일본 NHK 방송 등에도 소개되어 그 방송을 본 일본
인 관광객 및 블로그, 작가 들이 연이어 방문하는 등, 민간 외교의
장으로도 활약하고 있다.

**명욱** 앞서 말했듯 이곳 살림집은 원래 시바다 히코헤이라는
일본 사람이 지었습니다. 그는 이곳에 살면서 아이를 6

명이나 낳아 키웠는데, 얼마 전 이 양조장에서 태어난 일
본인 자매가 찾아왔습니다. 일고여덟 살에 한국을 떠나
이제 80세를 훌쩍 넘긴 나이지만, 어릴 적 추억을 잊지
못하고 이 집에 꼭 한번 찾아오고 싶었다고 합니다. 비록
우리에겐 아픈 역사지만, 어린 시절을 보낸 집이 아직 남
아 있고 이렇게 찾아올 수 있다는 것이 그 자매에게는 너
무나 행복한 일일 거라고 생각합니다.

　미디어에 등장한 이후 해창 양조장은 더욱 바빠졌다. 체험장, 전
시관 등을 통해 다양한 교육 체험 프로그램을 진행하고 있으며, 예
약을 통해 오는 방문객에게는 다양한 주전부리도 제공한다. 부부
는 늘 이야기를 한다. 우리 문화는 넉넉하게 나누고 그 나눔을 통
해 소통하는 것이라고. 어쩌면 소박해 보이는 막걸리 한 병에 우리
시대가 필요로 하는 넉넉한 나눔과 소통이 담겨 있는 것은 아닐까.
400km를 달려온 해남의 해창 주조장을 통해 잊고 지내던 나눔과
소통의 문화를 느낄 수 있었다.

| | |
|---|---|
| **대표상품** \| 해창 막걸리 12도 | **제조사** \| 해창 주조장 |
| **유형** \| 생막걸리 | **주소** \| 전남 해남군 화산면 해창길1 |
| **알코올 도수** \| 12도 | **전화번호** \| 061) 532-5152 |
| **재료** \| 맵쌀, 찹쌀, 물, 누룩 | **체험 및 견학** \| 가능(예약 추천) |

## 뜨끈한 청국장과 함께 즐기는 휴동 막걸리

××× 

한식에서 맛을 좌우하는 것은 무엇일까? 다양한 재료, 만드는 이의 손맛 등 여러 가지가 있겠지만, 무엇보다 오랜 시간 발효숙성을 통해 깊은 맛을 내주는 장(醬)이 중요하다. 그리고 단순히 혀로 느껴지는 자극적인 맛뿐이 아니라 누가, 어디서 난 재료로, 어떻게 만들었는지 확실히 알 수 있으면 더더욱 좋다. 그런데 이런 모든 조건을 갖춘 곳이 있다. 더군다나 술을 빚기 위해 손수 누룩까지 띄워 무첨가 막걸리를 만드는 곳, 바로 수원 광교산 자락의 '자선농원'이다.

자선농원이 있는 곳은 수원시 광교산 자락이다. 해발 582m의 이 산은 왕건이 후백제의 견훤을 평정한 뒤 군사들을 위로하고 있을 때, 산 정상에서 광채가 나오는 것을 보고 부처가 가르침을 내리는 산이라 하여 광교산(光敎山)이라는 이름을 내렸다는 전설이 전해진다. 수도권에 위치한 데다, 산세가 완만하면서도 수목이 우거져 산림욕이나 당일 산행지로도 무척 인기가 좋은 곳이다. 또한 겨울철 설경이 아름다워 수원의 8경으로도 꼽힌다. 이런 광교산 초입에 자선농원이 있다. 돌과 흙으로 지어진 1960년대 건물이다. 이곳에서 된장을 발효시키고, 발효시킨 장으로 30년째 손님들에게 음식을 내고 있다.

이곳에서 만들어지는 된장은 강원도 영월에서 자란 친환경 콩으

로 만든다. 콩을 10시간 이상 삶고 절구로 빻아 메주로 만들어, 황
토발효실에서 볏짚을 깔고 건조시킨다. 수분이 어느 정도 빠져나가
형태가 굳어지면 볏짚으로 싸서 처마 밑에 거는데, 이때 먼지가 없
어야 하기 때문에 이 작업까지는 모두 충북 괴산, 속리산 자락에서
진행한다. 이후에 광교 발효실로 옮겨 숙성을 하다가 음력 2월에 2
월장을 한다. 이때 전남 영광의 5년 이상 묵은 소금과 미력 옹기(무
형문화재 96호 이학수)와 보령 옹기에 장에 담가 50일, 60일이 지나 하
얀 막이 뜨면 된장과 간장을 분리한다. 이때 중요한 것은 같은 옹기
는 절대로 쓰지 않는다는 것. 아무리 좋은 옹기라도 쓰던 것을 쓰면
이미 다른 균이 있어 맛이 변하기 때문에 늘 새로운 옹기만을 고집
한다. 그리고 일반 유약이 아닌 재로 만든 유약을 쓴 항아리만 고집
하고 있다. 다만 영월콩의 수급이 어려울 때는 국내산 콩으로 같은
과정을 거쳐 만든다.

된장보다 빨리 만들 수 있는 청국장은 콩을 24시간 불려서 그 콩
을 3시간 이상 삶고 물기를 뺀 후 볏짚을 깔고 3일~4일간 숙성시
킨다. 청국장은 콩의 풍미가 그대로 살아 있는 만큼 정말로 콩이 좋
아야 한다. 그래서 영월 콩이 제격이다. 영월 콩은 척박한 환경에서
자라는데, 힘든 환경에서 자라는 콩이어야 그 열매가 튼실하고 맛
이 좋다고 한다. 마치 사람도 역경을 극복해야 인격적으로 성숙하
듯이, 콩 역시 마찬가지인가보다. 이렇게 단일 균을 넣지 않고 자연
균에 의해 발효된 된장과 청국장은 다양한 균에 의해 복합적인 맛

을 낸다.

자선농원의 대표는 김정수 씨는 원래 해운회사를 운영하던 마도로스였다. 해운회사를 운영하며 전 세계를 다녔다. 이때 세계 속의 발효음식, 그리고 발효음식의 최고봉이라는 술에서 영감을 얻어 된장, 간장을 넘어 전통주 발효의 영역까지 진출을 하게 된다. 그때 그의 철학이 된 것이 '싸게만 만들지 말라'는 것이다. 그는 가치 있고 의미 있는 술이어야 빚는 의미가 있다고 한다. 그래서 태어난 막걸리가 100% 여주산 쌀에 단맛을 내는 감미료는 물론, 발효보조제도 넣지 않은 막걸리, 영상 5도 이하의 쿨링 시스템유통으로 관리하는 휴동(休同) 막걸리이다.

휴동 막걸리가 알려지기 시작한 것은 많은 명사들이 맛을 보고 찬사를 아끼지 않았기 때문이다. 대표적인 인물이 배우이자 가수인 김창완 씨이다. 이 맛에 반해 자신의 단골 전통주 레스토랑에 직접 들고 가 소개를 할 만큼 열성적이었다. 전통주를 직접 빚는 명사도 휴동 막걸리에 대해 높은 평가를 한다. 방배동에 있는 가양주 연구소의 류인수 소장은 훈훈한 느낌이 밀려오며, 김치 한 접시면 술 한 병이 금세 사라질 정도로 목 넘김이 좋다고 평했다.

일반적인 유통은 하지 않지만 다양한 마니아들 사이에서 회자되는 만큼, 서울의 여러 유명 전통주 레스토랑에서 맛볼 수 있다. 단마시러 간다면 꼭 재고를 확인하고 가는 것이 좋다. 막걸리는 유통기한이 짧아 많이 준비해놓을 수 없기 때문이다.

발효와 전통술 이야기를 할 때 김정수 대표는 알아가는 과정 자

휴동 막걸리. 휴동 막걸리와 청국장

체가 기쁨이라며 늘 웃음을 짓는다

참고로 휴동 막걸리가 완제품으로 만들어지는 곳은 여주 명주가 양조장이다. 이곳에서 김정수 씨가 직접 띄운 누룩으로 술을 빚는다. 다만 자선농원을 찾아가면 김정수 씨의 자연발효에 대한 다양한 철학을 들을 수 있다. 어쩌면 막걸리나 청국장 맛보다 그것이 가장 매력일 수 있다.

**창완**　역시 자연발효가 좋죠?

**명욱**　네. 그렇다고 자연발효는 무조건 좋고, 인공배양이 무조건 나쁜 것은 아닌데요. 자연발효란 것은 인간의 철학과 노력, 그리고 자연의 섭리를 느끼지 못하면 만들기 힘든 것 같아요.

창완    그럼요. 보이지 않는 균들하고도 친하게 지내야 하는데.

명욱    그렇죠. 때로는 기다릴 줄 아는 인내도 필요하고.

창완    알고보면 그 속에 인생이 있지요.

---

**대표상품** | 휴동막걸리    **유형** | 생막걸리

**알코올 도수** | 8도    **재료** | 찹쌀, 멥쌀, 누룩, 정제수

**제조사** | 농업회사법인㈜명주가/자선농원

**주소** | 경기도 여주시 대신면 초현리 125 (양조장)

경기도 수원시 장안구 하광교동 107-1(자선농원)

**전화번호** | 031-247-6093(양조장)  031-247-6093(자선농원)

**체험 및 견학** | 별도 상담

---

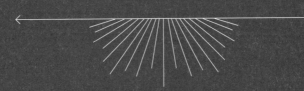

# 온 가족이 놀러가는
# 한국의 와이너리

**창완** 한국 와인이 아주 훌륭해졌네요.

**명욱** 네, 예전에는 단맛 위주의 단조로운 맛이었다면 이제는 맛이 많이 다채로워졌어요.

**창완** 이제 설탕도 안 넣나요?

**명욱** 좀 넣긴 하지만 예전에는 맛을 내기 위해서였다면, 이제는 알코올 발효를 위해 넣는다는 게 다르지요.

**창완** 당장 유럽의 고급 와인과 비교하기는 어렵겠지만, 다채로운 맛이 정말 매력 있어요.

**명욱** 네, 게다가 와이너리에 직접 가서 과일 수확도 하고 와인 체험을 같이 할 수 있으니 일석이조입니다.

을 하고, 직접 농업에 뛰어든다. 내가 직접 일해서 수익이 되는 농
업이 가능하다는 걸 증명해보겠다고 작정한 것이다. 장소는 대부도
로 정했다. 10년 넘게 대부도 농협에서 근무하면서 속속들이 알게
된 땅이었다. 재배 품목은 포도를 골랐다. 대부도의 풍부한 일조량
에 서해안 갯벌에서 오는 미네랄 성분이 포도의 영양과 당도를 확
올려줄 자신이 있었다. 더불어 곧 서해안 시대가 올 것이라는 확신
도 있었다. 중국과의 국교 수립을 하는 시점에서 중국 땅과 가장 가
까운 지역이기도 했기 때문이다. 그때가 그의 나이 36세였다.

　포도를 기르다보니 자연스럽게 와인에 관심을 갖게 되었다. 그
러던 어느 날 대부도가 속해 있는 안산시에서 포도가공 사업자를
모집하고, 그는 와인을 만들겠다 신청한다. 그리고 직접 재배한 식
용 캠벨 포도로 빚은 첫 작품을 2002년 와이너리 오픈식 때 선보인
다. 결과는 엄청난 혹평이었다. 와인의 풍미는커녕, 시큼한 맛만 가
득했다. 맛을 본 사람들은 모두 한마디씩 했다. 다시는 와인을 만들
지 말라고. 한마디로 좌절이었다. 하지만 오기도 같이 생겼다. 우선
은 와인 만드는 법을 배워야 했다. 하지만 당시만 해도 그런 교육을
받을 수 있는 곳을 찾기 어려웠다. 어렵게 찾은 곳이 대구 경북대학
교 평생교육원이다. 그는 매주 경기도 대부도에서 대구까지 왕복 8
시간 가깝게 운전을 하며 와인을 배웠다. 독일, 프랑스도 틈만 나면
다녀왔다. 와이너리를 만들고 2년이 되니, 초기보다는 와인이 조금
씩 맛을 찾아가는 듯했다. 하지만 당시만 해도 보통 사람들은 와인

이 어떻게 만들어지고, 완성하기까지 시간이 얼마나 걸리는지 전혀 몰랐다. 포도와 알코올, 그리고 설탕만 있으면 와인을 만들 수 있다고 생각하던 시절이었다. 그러자 대부도에서 소문이 돌았다. 하루 만에 와인을 만드는 업체가 있다는 것이다. 그런데 그랑꼬또 와이너리는 1년이 넘게 걸린다고 비교까지 했다. 이래서 어떻게 사업이 되냐고, 망할 수밖에 없는 비지니스라고 사람들은 혀를 찼다. 그는 고개를 숙이고 배우는 자세로 그 업체를 찾아갔다고 한다. 어떻게 하루 만에 와인이 나오는지 한편으로는 사기라 생각하여 화도 나고, 궁금하기도 했다. 그 업체의 대답은 너무나 간단했다. 소주에 포도 색소와 향, 그리고 설탕을 넣으면 된다는 것이다. 알고 보니 색소 공장의 관계자들이었다. 자신들의 색소를 사용하면 와인을 하루 만에 만들 수 있다고 마케팅을 했던 것이다. 당시 와인에 대한 무지와 오해가 얼마나 일반적이었는지 알 수 있는 사건이다.

오해는 풀렸지만, 여전히 판매는 어려웠다. 사업을 접어야 하나 고민에 빠졌다. 자신을 보면 주변 사람들이 피하기 시작했다. 마치 늘 대출받으러 다니는 사람처럼 보였기 때문이다. 어느 날 복잡한 심경으로 카드도 신분증도 없이 손에 딱 현금 100만 원을 들고 집을 나섰다. 종착지는 처음 와인을 배웠던 대구였다. 그리고 대구의 어느 공단 단지를 걷다가 폐지를 줍는 사람과 우연히 대화를 하게 된다.

알고보니 그는 과거 대구에서 반도체 회사를 경영했던 사업가였다. 하지만 사업에 실패, 이제는 아무것도 가진 것이 없다고, 하지만 아직도 사업을 다시 시작할 수 있다는 꿈을 가지고 있으며, 그러려면 시장 상황을 계속해서 파악해야 하기 때문에, 과거 일하던 터전인 이 대구 공단 주변에서 폐지를 줍고 있다는 것이다. 그러면서 김 대표에게 대부도로 돌아가라고, 모든 것을 잃은 나조차도 포기하지 않았는데, 당신은 아직 망하지도 않았고, 당신을 믿고 있는 가족과 수많은 사람이 있는 것을 잊지 말라고 당부한다.

그 이야기를 들은 김 대표는 절대로 포기하지 않겠다는 마음으로 대부도로 돌아온다. 그리고, 한번 더 와인 빚기에 매진한다. 그리고 마침내 2004년부터 조금씩 수익을 올리기 시작한다. 대부도에 관광객이 늘어나기도 했고, 무엇보다 원료의 풍미를 느낄 수 있는 대부도 와인이 주변 지역에서부터 서서히 인정을 받기 시작한 것이다. 여전히 진행형이긴 하지만 현재는 매해 6만 병을 생산하는 대부도 대표 와이너리가 되었다.

현재 그랑꼬또 와이너리에서는 일반 식용 포도인 캠벨얼리로 와인을 만든다. 일조량이 많고 낮과 밤의 일교차가 큰 환경에서 자란 대부도 포도는 같은 캠벨얼리라도 당도가 높다. 포도는 직접 재배한 포도와 지역 조합원들에게 받아서 하고 있는데 발효, 숙성까지 1년 이상이 걸린다. 대부도 포도가 다른 지역보다는 당도가 높을 때가 많지만, 외국의 와인용 포도 품종에 비하면 여전히 낮은 편이다. 있는 그대로라면 대부도 포도라도 알코올 도수 10도를 넘기기는 어렵다. 따라서 단맛을 내기 위해서가 아니라 알코올 발효를 위해 일부 당분을 첨가하여 만든다.

일부러 오크통이나 오크칩으로 숙성은 하지 않는다. 이유는 대부도 포도의 향과 맛을 그대로 즐길 수 있기 때문이다. 마시는 순간 후레시한 포도의 맛과 향이 입과 코를 가득 감싼다. 최근에는 화이트 와인 품종인 청수 포도로도 와인을 빚기 시작했다. 그리고 이 청수포도로 만든 와인은 2016년도 우리술 품평

그랑꼬또 와이너리의 김홍도 와인. 김홍도의 작품인 사슴과 동자가 그려져 있다. 김홍도는 안산 출신이고 그의 호 '단원'을 따서 단원구가 생겼다

회 과실주 부문 최우수상을 받았다. 그랑꼬또의 대부도 와인을 마신 어느 한 소믈리에는 이 와인은 마치 포도를 깨무는 듯한 질감이 있다고도 표현했다. 최근에는 포도과즙의 어는점과 수분의 어는점의 차이를 살려 당도를 높여 설탕없이 만든 아이스 와인도 출시했다.

대부도 와인 라벨에는 안산 출신의 천재화가 김홍도의 그림을 넣었다. 세계 최고의 와인 중 하나인 샤토 무통 로칠드도 세계 최고의 예술가와 협업해 와인 레이블에 그림을 넣었는데, 어떻게 보면 이런 예술가와 와인이 결합합 한국판 버전이라고도 말할 수 있다.

와인은 지역을 내포하고 있어야 진정한 가치가 있으며, 그 가치는 농산물, 역사, 그리고 사람이라고 김 대표는 주장한다. 그러면서

○

그랑꼬또 와인 라인업

자신의 와이너리가 지역 정보와 문화의 발신지가 되었을 때, 가장 큰 보람을 느낀다고 한다. 외국의 와인과는 다른 한국만의 멋과 맛이, 바로 한국 와인의 진정한 가치라고 할 수 있다.

그랑꼬또 와이너리에서는 다양한 체험을 할 수 있다. 일단 예약 없이 방문만 해도 한두 종의 대부도 그랑꼬또 와인을 시음해볼 수 있다. 예약을 하면 와이너리 견학도 가능하며, 김 대표 또는 가족들이 직접 와인 시음을 진행해준다. 8월 이후에는 직접 포도를 따볼 수도 있으며, 가을에는 전어, 대하구이 등과 같이 와인을 즐기는 체험도 별도 예약을 하면 가능하다.

현재 그랑꼬또 와이너리는 40여 개의 포도농장과 조합을 이뤄 와인을 만들고 있다. 조합 이름은 그린영농조합, 그린영농조합에서는 십수 년 전부터 대부도에서 재배한 포도를 그랑꼬또 와이너리에 공급해왔다. 이 포도가 없으면 그랑꼬또 와이너리에서는 와인을 만들지 못한다. 그런 의미에서 김진원 대표는 믿고 포도를 재배하는 조합원들이 한없이 고맙고 감사하다. 하지만 안타까운 것은 조합원들이 점점 고령이 되고 있는데, 뒤를 이을 후대가 없는 현실이다. 김 대표는 농업에서 미래를 찾고 싶다고 한다. 결국, 김 대표가 와인을 빚는 이유는 포도농업이 부가가치 높은 산업이라고 알리는 것, 그것이 후대로 이어지기를 바라는 마음 때문이다.

| | |
|---|---|
| **대표상품** \| 그랑꼬또 청수 | **제조사** \| 그랑꼬또 와이너리(그린영농조합법인) |
| **유형** \| 과실주 | **주소** \| 경기 안산시 단원구 뻐꾹산길 107 |
| **알코올 도수** \| 12도 | **전화번호** \| 032-886-9873 |
| **재료** \| 청수 포도 등 | **체험 및 견학** \| 가능(예약 추천) |

## 멋진 와인 터널이 있는 파주 산머루 와이너리

××××

서울의 강변북로를 달리다 일산으로 방향을 잡으면 자유로를 만난다. 이 자유로가 연결되는 곳은 경기도 서북단에 위치한 파주, 임진강을 사이에 두고 군사분계선이 있는 임진각으로 유명하지만 최근 10년 사이에 관광 명소로도 눈부신 발전을 했다. 예술, 문화인들이 참여한 파주 헤이리 마을부터, 대형 아울렛, 그리고 프랑스 남부의 분위기를 즐길 수 있는 프로방스 마을까지 모두 파주에 있는 명소들이다. 여기서 조금 더 달리면 대한민국 최초로 머루를 재배한 감악산 자락의 '산머루 와이너리'를 만날 수 있다.

감악산은 예부터 바위 사이로 검은빛과 푸른빛이 동시에 쏟아져 나온다 하여 감악(紺岳), 즉 감색 바위산이라 불렸다. 백두대간이 금강산으로 달리다 서남쪽으로 뻗고, 그리고 다시 파주시 적성면으로 뻗어 있다. 이 지대는 의정부와 서울로 진입하는 길목이었던 만큼 삼국시대부터 한반도의 지배권을 다투던 요충지였다. 멀리는 고려시대 거란과의 전투, 가깝게는 한국전쟁 당시 북한군과 중공군과도 큰 전투가 있었던 곳이다. 조선 시대에는 북악산, 관악산, 운악산, 화악산과 함께 5대 악산으로 지정된 산이었다. 그리 높지 않은 산 (675m)임에도 산세가 험해 대도 임꺽정이 관군을 피해 숨어 지냈다고 하여 임꺽정을 기리는 임꺽정 봉 등이 있다. 이 감악산 자락에는 파주시 전체 면적의 12.7%를 차지하는 '산머루 마을'이 있는데, 현재는 객현리 일대 40여 호에 이르는 농가에서, 연간 400여 톤의 산

○

파주 산머루 와이너리의 와인 터널

머루를 수확하고 있다

이곳 와인은 산머루로 빚는 와인이다. 원래 산머루는 이름 그대로 산에서 자라는 야생성 작물이었다. 이것을 국내 최초로 재배한 사람이 바로 산머루 와이너리의 1대 창립자 서우석 씨다. 재배의 시작은 1977년, 초기에는 야생 머루를 그대로 심어봤지만, 한 그루에서도 제대로 수확을 하지 못했다. 남양주에서 1500그루를 다시 들여왔지만 그마저도 4그루만 살아남았다. 숱한 실패 끝에 재배에 성공, 머루즙과 와인을 제조하며 소득을 올리자 이웃 농가들도 머루 재배에 참여하게 되었다.

와인 만들기에 있어서 가장 중요한 것은 역시 포도, 특히 포도의 당도라고 할 수 있다. 당도가 중요한 이유는 포도 속 당분이 그

산머루 와이너리의 산머루. 9월 말 전후로 열린다.

대로 알코올로 변화하기 때문이다. 일반적으로 당도(브릭스)에 0.58을 곱하면 알코올 도수가 나온다. 14~15브릭스 정도의 과실이 있다면 최대 8.7도 정도의 알코올 도수의 와인이 만들어진다. 기존의 12~14도 정도의 와인에 훨씬 미치지 못하는 수준이다. 사실 한국의 포도는 모두 14~15브릭스 정도이기에 와인을 만들기에 적합하지 않았던 것이 사실이다. 그런데 산머루는 다르다.

얼마 전 수확한 머루는 무려 24브릭스가 나왔다. 열매 자체가 작은 머루는 일반 포도보다 당도가 높기는 했지만 그래도 18브릭스 정도가 보통이었다. 하지만 비가 적게 오고 건조했던 덕에 최고의 당도를 자랑하는 머루가 수확된 것이다. 이대로라면 가당을 하지 않고 알코올 도수 14도에 가까운 와인을 만들 수 있다. 와인 맛이 당도 하나로 결정되는 것은 아니지만, 적어도 와인을 만들 수 있는 당도의 포도가 나올 수 있다는 것을 보여준 작은 쾌거였다.

이곳에서 만들어지는 산머루 와인의 이름은 '머루 드서', 불어로 '서가네 와인'이란 뜻이며, '머루 드세요'라는 중의적인 의미도 있다. 단맛이 적은 드라이 제품과 단맛이 많은 스위트 제품이 있는데, 개인적으로는 드라이 제품을 추천한다. 지하 터널에 있는 오크통에서 1년, 그리고 병입 후 다시 9년을 숙성해서 맛이 진하고 향미가 뛰어나다.

이곳의 가장 큰 특징은 무엇보다도 머루로 와인을 직접 만들 수 있다는 것이다. 남녀노소가 즐길 수 있는 머루 잼 만들기, 와인 빚기, 와인 병입 그리고 와인 병에 코르크를 넣어보는 색다른 체험도 준비되어 있다. 와이너리 입구에서 사진을 찍어 뽑아주는데, 이 사진을 자신이 만든 와인 병에 붙일 수 있다. 한여름에도 한기가 느껴지는 지하 15m, 약 75m 길이의 와인 터널 체험은 '산머루 와이너리'만이 가진 와이너리 견학의 백미다. 참고로 이 터널은 관상용이 아니다. 진짜로 다양한 와인을 숙성시키고 있는 지하 저장고다.

여행지에 가면 늘 어려운 것이 식사인데, 이곳에서는 늘 소박한 음식을 준비해 손님에게 대접한다. 직원들이 평상시에 먹는 스텝 밀, 이른바 직원식을 부담 없는 가격에서 즐길 수 있다. 직원식이라고 해서 다른 평범한 구내식당을 떠올리면 오산이다. 텃밭에서 기른 채소와 머루의 산지답게 머루 샐러드, 머루 국수, 머루 샌드위치 등 화려하지 않지만, 이곳에서만 즐길 수 있는 음식이 제공된다.

머루 따기 체험을 하고 싶다면 9월 말부터 10월 초에 방문해야

산머루 와이너리에 즐길 수 있는 산머루 국수. 30년 전부터 직원식이었다

한다. 햇머루를 손으로 직접 따고, 딴 머루로 머루즙을 만들고 생생한 머루로 와인도 만들어볼 수 있는 특별한 시기이다. 자연이 주는 혜택을 인간이 가장 가까이 느낄 수 있는 귀중한 시간이다. 9월 말이 되면 머루의 당도가 더 높아지고 색도 진해진다.

추석, 설 명절 당일을 제외한 연중무휴로 진행되지만, 개별 견학 등은 오후 2시~4시 사이로 정해져 있다. 인원이 많건 적건 예약은 필수다. 견학에는 코스가 있고 늘 안내해주는 사람이 필요한 만큼, 개별적으로 오는 모두를 실시간으로 대응하기에는 무리가 있기 때문이다.

모처럼 떠난 파주 여행을 더욱 즐기고 싶다면 서울로 돌아오는 길에 있는 파주 프로방스와 헤이리 마을을 들러볼 수 있다. 프로방스 마을은 프랑스 남부 마을의 분위기를 한국적으로 재현한 곳으

산머루 따기 체험

로 디자인 공간인 프로방스 리빙관, 향기 공간인 허브관과 감각 공간인 패션관, 유럽풍 베이커리와 카페로 구성된 테마형 마을이다. 헤이리 예술마을은 국내 최대의 예술마을로 미술가, 음악가, 작가, 건축가 등 380여 명의 예술, 문화인들이 참여했다. 갤러리, 박물관, 전시관, 공연장, 소극장, 카페, 레스토랑, 서점, 게스트하우스, 아트숍과 예술인들의 창작, 주거 공간이 있으며 모든 건축물은 산과 구릉, 늪, 개천 등 주어진 환경을 최대한 살린, 수십 명의 국내외 유명 건축가가 만든 복합 문화 공간이다.

우리 술에 대한 다양한 영역과 정의가 있겠지만, 이 땅에서 나온 농산물로 빚은 술은 '우리 술'이라고 생각한다. 대한민국의 토양, 기후뿐만 아니라 사람과 문화 그리고 정서가 모두 반영되어 있

산머루 와인 스위트(왼쪽)와 드라이(오른쪽)

기 때문이다. 이런 문화를 직접 경험해볼 수 있는 곳이 바로 와이너
리다. 토양과 기후에 따라 농산물 맛이 달라지며, 그 농산물로 만든
술맛 역시 달라진다. 발효와 숙성이라는 시간의 단계를 거쳐 생성
되는 자연의 섭리가 깃들어 있다. 올해는 우리 가까이에 있는 와이
너리를 한번 찾아가보면 어떨까. 아직은 정비도 덜 되었고 소박한
규모지만 우리만의 문화가 담긴 체험이 기다리고 있다.

| | |
|---|---|
| **대표상품** ㅣ 머루드서 드라이 | **제조사** ㅣ 산머루 농원 |
| **유형** ㅣ 과실주(한국와인) | **주소** ㅣ 경기도 파주시 적성면 윗배우니길 441-25 |
| **알코올 도수** ㅣ 13.5도 | **전화번호** ㅣ 031-958-4558 |
| **재료** ㅣ 산머루 등 | **체험 및 견학** ㅣ 가능(예약 추천) |

## 프랑스에는 포도밭과 포도와인이, 예산에는 사과밭과 사과와인이

× × ×

대한민국 팔도 중에서 지형이 가장 낮은 곳이 있다. 해발 고도 1,000m 이상을 넘는 곳이 없으며 도 전체의 평균 고도 역시 100m를 넘지 않는다. 역사적으로는 고대의 마한, 백제의 수도가 있었고 고려 시대에는 경기도, 충북 지역과 같이 묶였으나 조선시대에는 지금처럼 분리가 된 곳, 바로 충청남도 이야기다. 고지대가 없으니 쌀농사에 적합하며 차령산맥에서 발원한 삽교천은 북쪽 아산만으로 흐르면서 예산, 당진의 이름을 딴 예당평야로 발전했다. 이러한 농업의 중심지인 충남, 그중에서도 사과 산지 1위인 예산으로 찾아가봤다.

예산사과의 역사는 1920년대로 거슬러 올라간다. 1923년 예산군 고덕면 대천리에 일본인이 처음으로 사과원을 개원하고, 이후 80여 년 동안 예산사과란 이름으로 충남의 사과 업계를 주도하고 있다. 현재 충남 사과의 49%가 이곳 예산에서 나온다. 2009년에는 '예산황토사과특구'로 지정이 된다.

예산사과 와이너리는 바로 이 고덕리에 위치하고 있다. 당진영덕 고속도로 고덕IC에서 빠져나가면 만날 수 있다. 30년간 사과 재배를 해왔고, 직접 재배하고 수확한 예산사과로 와인을 빚는데, 연간 3만 명 이상이 이 와이너리를 찾을 정도로 인기가 있다. 특히 9월부터 10월까지는 발 디딜 곳이 없을 정도로 수많은 방문객이 찾아온다.

이곳에서 사과와인을 빚는 사람은 대학에서 기계공학을 전공한 정제민 씨이다. 그는 1990년에 캐나다에서 살 때 틈틈이 와인을 배

○
예산사과 와이너리

왔다. 특히 캐나다 농민들이 한국의 가양주 문화처럼 홈메이드 와인을 만들어 식사 때마다 즐기는 것이 인상 깊었다. 마치 한국에서 김치 꺼내듯, 그들은 와인을 꺼내 손님들에게 대접했다고 한다. 2000년쯤에 한국에 귀국한 그는 와인 만들기 동호회를 조직, 회원들과 전국을 다니며 전국의 다양한 과실로 와인을 빚기 시작했다. 이 취미가 일로 연결된 것이 지금의 사과와인 사업이다. 특히 캐나다의 와인 제조법을 벤치마킹하는데 바로 아이스 와인을 만드는 방식이다. 의도적으로 수확기를 늦춰 당도가 높고 수분 함량이 낮은 과실로 술을 빚는 방법이다. 예산사과 와이너리의 크기는 약 1.2만평, 5천여 그루의 사과 나무가 있다. 원래 이 사과 밭은 장인인 서정학 씨가 운영하는 곳이다. 장인은 사과를 재배하고 사위는 그 사과로 와인을 만든다.

○

직접 딴 사과로 만든 애플파이


이곳에서 만들어지는 와인은 추사애플와인, 추사블루베리와인, 그리고 추사애플브랜디다. 추사애플브랜디는 사과와인을 증류해 5년 이상 숙성시킨 사과와인의 결정체라고 할 수 있다. 추사라는 이름을 고집하는 이유는 바로 추사 김정희의 고향이 예산이기 때문이다. 동시에 모든 과실이 가을에 수확되기에 가을 이야기라는 의미를 담기도 했다. 지역 문화와 계절 요소를 다 담은 이름이다.

이곳에서 와인 견학을 신청하면 반드시 보게 되는 곳이 지하 숙성실이다. 오크통이 나란히 줄 서 있는 이 숙성실에서, 사과와인이 숙성되고 있다. 온도는 연중 15 전후로 여름에는 시원하며, 겨울에는 따뜻한 온도다. 이곳에서 추사애플와인을 맛보는데, 마무리는

60도의 사과 브랜디를 오크통에서
빼서 와인 잔에 담아주고 있다

오크통에서 스포이드로 꺼낸 알코올 도수 60도의 사과 브랜디 시음이다. 마시는 순간 입과 식도, 그리고 위장까지 따뜻하게 해주는 브랜디의 향은 오래도록 잊을 수 없을 것이다.

일 년에 3만 명 이상의 방문객이 와이너리에 찾아온다. 특히 사과 수확철에는 직접 사과를 따거나, 트랙터를 타고 빨간 사과 밭을 누빌 수 있다. 직접 딴 사과로 파이로 만드는 체험도 있다. 바비큐나 파스타를 즐길 수도 있고, 숙박 역시 가능하다.

추사 애플 와인

　와이너리 체험 후 휴식을 취할 수 있는 장소가 가까이에 있다. 예
산사과와이너리에서 차로 10분이면 국내 최대 규모 스파인 리솜스
파캐슬이 있고 스파에서 차로 5분 거리에는 수덕사가 있다. 수덕사
대웅전은 현재는 국보 제49호로 우리나라에 현존하는 가장 오래된
목조건축물 중 하나로 부석사 무량수전 등과 쌍벽을 이루고 있다.
수덕사 주변에는 다양한 산채요리 전문점이 많다. 자연과 즐기는
나물 음식도 예산의 매력 포인트 중 하나다.

| | |
|---|---|
| **대표상품** \| 추사 애플와인 | **제조사** \| 예산사과와이너리(은성 농원) |
| **유형** \| 과실주(한국와인) | **주소** \| 충남 예산군 고덕면 대몽로 107-25 |
| **알코올 도수** \| 12도 | **전화번호** \| 041-337-9584 |
| **재료** \| 예산 부사 등 | **체험 및 견학** \| 가능(예약 추천) |

# 이방카 건배주, 여포의 꿈

×××

2013년 학동역에 있는 김준철 와인스쿨에서 와인 시음회가 열렸다. 한국에서 나오는 다양한 과실을 발효한 여러 국산 와인에 대한 평가 자리였다. 참여한 와인 애호가들은 한결같이 혹평을 했다. 설탕 맛이 강했고, 맛이 획일적이라는 평이었다. 나 역시 그 평가에 동감을 했다. 그로부터 2년 후, 다시 국산 와인 시음회가 열렸는데, 그때 등장한 것이 바로 충북 영동의 '여포의 꿈'이다. 이 화이트 와인을 맛본 와인 애호가들은 입안에 맴도는 살구 향에 감탄했다. "이 와인은 다르다", "한국 와인의 가능성이 보인다"라는 찬사가 쏟아졌다. 그로부터 3년 후, 마침내 '여포의 꿈'은 트럼프 대통령의 장녀이자 백악관 보좌관인 이방카 트럼프가 방한했을 때 만찬주로 선정된다. 이미 여포의 꿈은 마니아들 사이에서도 인정받는 와인이었다.

와인의 이름이 여포의 꿈인 이유는 삼국지 최고의 무인 '여포'라는 별명을 가진 여인성 씨가 빚기 때문이다. 와인을 시작한 것은 1997년, 홀로 사는 어머님이 영동에서 이미 포도 농사를 짓고 있었고, 그는 어머님을 모실 겸, 함께 포도 농사를 짓게 되었다. 영동은 포도 농사에 적합한 곳이다. 일교차가 크고 충분한 햇볕을 받아 과육이 튼실했고 당도고 높았다. 여기에 무농약, 무제초, 무비료로 하다보니 많은 사람들이 더욱 인정해주었다. 농장을 하면서 다양한 사람을 만났는데, 사람들이 들고 오는 술은 늘 소주나 맥주였다. 하

여포의 꿈

지만 포도밭과 주변의 풍광을 보며 소주나 맥주만 마시기에는 너무나도 아깝다는 생각이 들었다고 한다. 그래서 순간 결심했다. 내가 기른 포도로 내 와인을 만들겠다고.

이후로 포털 사이트의 와인 만들기 카페 같은 곳의 도움을 받으며 줄기차게 와인 만들기를 연습했다. 전국을 누비고, 와인 전문가란 전문가는 모두 만나고 다니며 맛 평가를 받았다. 그리고 정식 양조장 설립은 2007년, 그리고 여포의 꿈은 2010년에 출시된다. 그 누구보다도 아내의 역할이 컸다. 같이 포도를 재배하고 같이 와인을 빚었다. 덕분에 아내도 별명을 얻게 되었다. 여포의 영원한 사랑, 초선이라는 별명이었다. 여포의 꿈은 이내 두각을 나타낸다. 2015년 농식품부 우리술품평회 과실주 부문 우수상, 2015년, 2017년 영동와인축제 대상 수상을 하는 등, 이미 국내의 유명 와인으로 발돋

움을 하고 있었다.

현재 운영 중인 와이너리는 약 3천 평 규모다. 대략 축구장 하나보다 조금 더 크다. 대량생산을 해야 하는 현대의 농업 시스템을 생각하면 지극히 소박한 편이다. 여기서 재배되는 포도는 실험재배용 품종까지 포함하면 총 30종, 이 중 와인용 포도만 15종이다. 대표적인 와인 품종은 카베르네 쇼비뇽, 리슬링, 머스켓 어브 알렉산드리아 등이다. 이렇게 다양한 품종으로 재배하는 이유는 한국에 맞는 최적의 와인용 포도를 찾아보기 위해서라고 한다. 일조량 부족과 점토질이란 이유로 외국의 와인용 포도 품종은 한국에서 재배하지 못한다는 게 정설이었기 때문이다.

이방카 만찬주는 머스켓 어브 알렉산드리아 품종으로 만든다. 원래는 지중해 품종인데 20여 년 전에 우리나라에 들어왔다. 우리 기후가 지중해와 기후가 달라, 살짝 비닐로 비를 막아줘야 하고 온도도 높여줘야 하는 번거로움이 있다. 와인은 발효시키고 숙성을 진행하는데 최소 6개월에서 1년 정도로 진행한다. 숙성하는 이유는 다양한 이유가 있지만, 향이 풍부해지며, 알코올 분자와 물 분자가 상호작용하며 부드러운 입자를 형성하기 때문이다.

여포의 꿈은 산뜻하면서, 새콤한 동시에 달콤한 맛도 모두 가지고 있는 감귤계의 시트러스한 맛이 특징이다. 포도로 만들었지만 살구, 복숭아 맛도 난다. 와인을 마신 후의 여운도 길게 가는 편이며 무엇보다 과육을 씹는 듯 한 신선함이 매력이다. 평을 하자면 음식과 잘 어울리는 느낌보다는 독자적으로 마실 때 더 빛난다. 떫은 맛은 적고 단맛이 있기에 다른 음식과의 매칭이 어려울 수 있다. 그래서 아예 시작 전에 입안을 적셔주는 식전주나, 마지막에 입안을 좋은 향기로 마무리해주는 디저트 와인으로 좋다.

머스캣 오브 알렉산드리아

작은 와이너리지만 의외로 재미있는 체험이 많다. 가을철 포도 따기부터 포도 품종 맞히기, 와인 테이스팅, 와인 만들기, 황토피자 만들기, 이 모든 체험을 여포 여인성 씨가 직접 진행한다. 여름방학 이후에 방문하면 좋다. 그때부터 포도가 본격적으로 익어가기 때문이다.

여포의 꿈이 매력적인 이유는 실은 이 이름에 있다. 여인성 씨의 진짜 꿈은 좋은 와인을 만드는 것이다. 그런데 그 꿈은 아직 다 이루어지지 않았다. 비록 이방카 트럼프 보좌관의 만찬주가 되었어도 여전히 자신이 생각하는 진짜 좋은 와인은 아니라는 것이다. 그래서 아직 미완성이기에 '꿈'이란 이름을 붙여났다고 한다. 그리고 이 꿈이 이루어질 때 비로소 꿈이라는 단어를 떼겠다고 말한다.

충북 영동은 한국 와인의 중심지라고 해도 지나치지 않다. 이미 40여 곳의 와이너리에서 본격적인 와인을 만들고 있다. 포도를 말려 와인을 빚는 시나브로 와이너리, 와인을 얼려서 아이스 와인으로 만드는 샤토 미소, 아황산 등을 넣지 않는 컨츄리 와이너리, 폐교된 학교를 와이너리로 만든 샤토 마니까지 다양한 와이너리를 방문해볼 수 있다. 가까운 옥천에는 정지용 시인의 생가와 90년 전통의 이원 양조장도 있으니 같이 들러보는 코스도 좋다. 추천음식으로는 영동을 가로지르는 금강에서 잡히는 민물 매운탕. 그리고 빙어를 튀기고 양념한 도리뱅뱅등이 별미다.

앞에서도 설명했지만, 한국의 와인은 이제 막 걸음마를 뗀 정도다. 예전에는 오로지 단맛만 추구했다면 최근에는 이탈리아 아마로네 방식인 건포도로 발효를 해서 설탕 없이 발효하기도 하며, 앞서 설명한 것처럼 과즙을 얼린 아이스와인 스타일의 와인도 빚고 있다. 와인용 품종인 청수나 거봉을 사용해서 시트러스한 맛을 내기도 하며, 산머루로 와인을 빚어 진한 탄닌과 숙성 맛을 내기도 한다. 하지만 프랑스나 이탈리아 등의 와인 선진국에 비교하면 여전히 부족한 부분은 많다. 그래서 와인 마니아와 유통업체에서는 취급을 꺼린다. 여전히 산업적으로는 과제가 많다는 의미다. 하지만 그들이 인정하는 수입와인과 다른 점은 우리 땅에서 우리와 가까운 사람이 만든다는 것이다. 프랑스 와이너리 주인과 소통하겠다고 거기까지 가기에는 기회비용이 너무 크다. 하지만 조금만 나서면 이 땅에서 직접 재배하는 포도밭을 볼 수도 있고, 그들이 정성스럽게 와인을 만들어가는 현장도 볼 수 있다. 무엇보다 그들이 왜 와인을 만들고 있는지 직접 묻고 교감할 수 있다. 우리 지역 농산물과 사람의 가치를 느껴볼 수 있는 곳이 바로 이런 와이너리가 아닌가 싶다. 아직은 진행형이지만 한국 와인 산업이 더욱 발전해 지역 농업문화의 중심이자 소비자와 직접 소통할 수 있는 매개체가 되길 기대해본다.

**대표상품** | 여포의 꿈(화이트와인)　　**유형** | 과실주　　**알코올 도수** | 12도
**재료** | 영동포도(머스켓 오브 알렉산드리아 외)　　**제조사** | 여포와인농장
**주소** | 충북 영동군 양강면 유점지촌길 75(여포와인농장)
**전화번호** | 043) 744-7702　　**체험 및 견학** | 가능(예약 추천)

# PART 4

# 우리술과
# 외국술의 차이

## 막걸리가 물 맛을 따지는 이유?

××× 

수년 전 일본에서 막걸리 관련 상표등록을 한다는 소식에 한국 매스컴이 떠들썩했던 적이 있었다. 이유인즉슨 일본에서 막걸리 관련 상표등록이 접수되면 일본에 막걸리를 빼앗기는 것이 아니냐는 걱정이었다. 하지만 내용을 알고 보니 일본에서 사업하는 한국인이 상표등록을 하려고 했던 것으로 결국 해프닝으로 끝났다. 이때 일본에 막걸리 수출을 하던 양조장들은 의외로 의연한 자세를 보였는데, 제아무리 일본에서 막걸리를 만들더라도 한국의 물과 일본의 물은 근본 자체가 달라 일본이 만든 막걸리는 한국 막걸리 맛을 따라오지 못한다는 것이다. 그렇다면 도대체 물은 막걸리에 어떤 영향을 미치는 것일까?

한마디로 막걸리는 물 없이 만들 수 없다. 쌀을 불리고, 찌고, 씻

고, 발효된 술에 물을 넣어 알코올 도수를 낮춘다. 이렇게 모든 제
조과정에 물이 들어가니 막걸리는 물이 만든다는 말이 나오는 것
이다. 이 모든 과정에서 물의 성분은 막걸리 발효에 관여하면서 막
걸리 맛의 특성으로 나타나는 것이다.

　물을 첨가하지 않는 주류로 가장 잘 알려진 술은 와인이다. 와인
은 오직 포도가 가진 수분으로만 술을 만든다. 좋은 술을 만들기 위
해 물을 넣지 않는 경우도 있겠지만, 물이 좋지 않아서 넣지 않는
경우가 사실 많다. 와인이 발달한 유럽 또는 중동지방의 물은 석회
질의 경수가 많다. 이런 물은 술의 색을 변하게 하거나 자외선에 따
라 화학변화를 일으켜 착색의 원인을 제공하기 때문이다. 맥주 역
시 홉으로 물 자체의 맛이 희석되어 막걸리보다 물맛이 덜 드러난
다.* 결국 유럽의 많은 요리에 물이 아닌 우유, 와인 등을 넣거나 밥
보다 상대적으로 물이 덜 들어가는 빵을 주식으로 하는 것은 이런
요인 때문이기도 할 것이다.

　대한민국의 물은 유럽과 비교하면 상당히 연수이다. 연수는 국물
요리에 적합한 물이다. 우리가 다양한 요리를 만들어낼 수 있는 것
도 어쩌면 이렇게 밸런스가 좋은 물이 있어서일 수도 있다. 그리고
막걸리의 80%는 물이다.

────────────

* 체코 맥주 필스너 우르켈 등은 연수로 빚는 맥주로 유명하지만 물을 강조하는 맥주는 그리 많지 않다.

술 빚기에 좋은 물은 일반적으로 약경수다. 약경수에 들어 있는 성분들이 발효를 돕기 때문이다. 특히 칼륨, 린산, 마그네슘 등의 미네랄이 풍부한 경수는 미생물의 영양원이 되어 누룩균과 효모의 증식을 돕는다. 이런 성분이 많으면 발효가 활발해지면서 좀더 힘차고 남성적인 맛이 도드라진다.

반대로 미네랄이 적은 연수로 술을 담그면 힘찬 맛보다는 부드러운 맛을 낸다.

발효에 방해가 되는 성분은 철, 망간 이외에 중금속 류와 암모니아, 아연산 등이다. 특히 암모니아, 아연산 등은 동물의 유기체가 변한 성분이기 때문에 오염된 물일 수 있으니 더욱 주의해야 한다. 그렇다고 막걸리에 혹시 나쁜 성분의 물이 쓰였을지도 모른다고 걱정할 필요는 없다. 대한민국의 모든 막걸리 양조장은 정기적으로 수질 검사를 받기 때문이다.

맛 좋은 막걸리를 만들기 위해 어떤 물을 쓸 것인가는 매우 중요하지만, 사람의 입맛은 모두 다르다. 힘찬 발효와 강한 맛을 찾는다면 약경수로 빚은 막걸리를, 부드러운 맛을 선호한다면 연수로 빚은 막걸리를 마시면 된다. 굳이 지역별로 나누자면 경기 북부 포천 등에서 나온 물은 경수의 성질이 있고, 제주도 물은 연수가 많다. 어느 지역에서 나오는 막걸리가 자신의 입맛에 맞는지 찾아보는 것 역시 재미있을 것이다. 마치 프랑스 보르도 와인, 독일 뮌헨 맥주를 좋아한다고 말하듯이 말이다.

# 생맥주와 생막걸리의 진짜 차이는?

××× 

외국의 술 가운데 막걸리와 가장 비슷한 술은 과연 무엇일까? 와인과 비슷할까? 쌀과 쌀누룩으로만 빚는 사케? 놀랍게도 막걸리와 가장 비슷한 술은 맥주다. 원료가 각각 쌀, 보리라는 점만 다를 뿐, 낮은 알코올 도수, 짧은 발효 기간, 음용 시기 및 방법 등 모두 비슷하다. 그렇다면 맥주와 막걸리는 원료 이외에 또 어떤 점이 다를까? 알코올 도수가 높아 산패되지 않는 증류주(일반적으로 20도 이상)와 달리, 발효주는 비교적 낮은 도수(20도 이하)에 많은 영양 성분을 담고 있어 숙성 과정에 많은 신경을 써야 한다. 종류에 따라 다르지만 와인의 경우 1~3년, 사케의 경우 3달에서 1년 정도, 우리나라에서 판매되는 일반적인 약청주 역시 일반적으로 3개월 정도의 숙성 기간을 거치는 경우가 많다. 이에 비해 막걸리와 맥주는 신선도를 가장 중요시하는 만큼 빨리 만들어 빨리 마시는 경향이 있다. 일본의 라거 맥주의 경우에는 발효에 1~2주, 이후 1달 정도 저온 숙성한 후 출시되며, 막걸리의 경우엔 발효에서 숙성까지 일반적으로 1~2주면 마무리가 된다. 막걸리란 말 자체가 이제 막 걸렀다는 신선함을 뜻하기 때문에 꼭 숙성해야 할 의무는 없다. 그래서 막걸리를 음식 가운데 샐러드, 겉절이로 비유하기도 한다. 물론 맥주나 막걸리 중에도 수 개월에서 1년 이상 숙성시키는 경우도 있기는 하지만 드문 경우다.

막걸리와 맥주 모두 '생'이란 단어를 사용한다. 그렇다면 생막걸리와 생맥주의 차이는 무엇일까? 일단 가장 큰 차이는 효모의 유무다. 일반적으로 시중에서 판매되는 대기업의 생맥주에는 효모가 없다. 살균 작용을 거치거나, 마이크로 필터로 여과 작업을 거쳐 출시되기 때문이다. 즉, 알코올 발효의 역할을 하는 효모를 없애는 과정을 거치는 것이다. 따라서 더 이상의 알코올 발효가 일어나지 않는다.

그럼 생맥주를 뜻하는 드래프트 비어(Draft Beer)는 원래 무슨 뜻일까? 생맥주 대신 쓰이는 말이지만 사실은 맥주를 담는 큰 통을 의미한다. 맥주를 통에 넣을 때는 열처리를 하지 않은 생맥주를 넣는 경우가 많았다. 그래서 직역을 하자면 통맥주다. 일본이 이 드래프트 맥주를 생맥주라고 번역했고, 우리는 그것을 그대로 쓰는 것뿐이다. 참고로 한국에서의 병맥주와 캔맥주, 생맥주는 넣는 용기만 다를 뿐 기본적으로 제조 과정에서 차이가 없다. 필터링을 통해 효모를 걸러내고, 멸균 처리를 한 후에, 인공적으로 탄산을 넣어 청량감을 좋게 한다.

순수한 효모가 내뿜는 자연 탄산은 크래프트 맥주, 또는 맥주 양조장에 가지 않고는 보기 힘들다. 한국산 크래프트 맥주 역시 열처리 후에 탄산을 넣는 경우가 많다. 효모가 술 속에 살아 있으면 계속 발효를 해서 맛 관리가 어렵기 때문이다.

반면 생막걸리는 맥주에 비하면 간단한 여과를 거쳐, 효모, 누룩 등 다양한 영양소를 그대로 품고 있어, 병입 후에도 지속적인 발효가 진행된다. 막걸리 맛은 출하된 날짜에 따라 계속 변하기 때문에, 날짜에 따라 조금씩 변해가는 막걸리 맛을 즐기는 것도 생 막걸리

만의 매력이다.

## 사케와 막걸리의 차이는?

××××

우리나라 언론은 막걸리를 사케와 비교할 때가 많았다. 수년 전 기사를 보면 막걸리의 수출량이 사케의 수입량보다 훨씬 많다는 이유로 '막걸리 사케에 압승'이라고 표현하거나, 막걸리 판매량이 떨어진 뒤에는 '사케 웃고, 막걸리 울고' 같은 표현을 쓰기도 했다. 대체 어떤 부분 때문에 막걸리와 사케를 비교하는 걸까? 사케와 막걸리의 차이는 무엇일까?

한국 술 문화는 여성이 이끈 문화라고 볼 수 있다. 1670년대 경북 안동의 안동 장 씨가 집안의 딸과 며느리를 위해 기술한, 한국 최고의 식경이라 불리는《음식디미방》은 수록된146가지의 음식 중에 술 제조법이 54가지나 되는 대표적인 전통주 문헌이다. 출판 연도와 작자는 알려지지 않았지만 모든 음식 중에서 술 빚기가 가장 어렵다고 기술한《주방문》역시 여러모로 여성이 집필했으리라 여겨진다.

일본에서는 1600년대 에도막부시대에 접어들면서 당시 집권층인 에도막부의 철저한 관리하에 본격적인 사케 양조장이 탄생했다. 대규모 생산에 필요한 육체 노동이 많았던 관계로 술 제조는 남성의 일로 인식되었고, 토우지라는 사케 제조 책임제도가 등장하면서, 기술 및 노동집약적인 산업으로 발전한다. 역사적으로 외부의 침입을 받지 않은 덕에 일본 사케 주조장은 자연스럽게 이런 전통을 유지할 수 있었다.

고급 사케의 특징은 주원료인 쌀의 도정률을 집착적으로 신경쓴다는 점이다. 사케의 등급 자체를 도정률로 구분하는 경우가 많다. 쌀을 도정하는 이유는 쌀 표면에 있는 단백질, 지방, 비타민을 다 깎아내고 순수하게 전분으로만 술을 빚기 위해서다. 이렇게 도정을 많이 한 쌀로 만든 사케에서는 풍부한 과실향이 나며 맛은 부드럽다. 일반적으로 50% 이상 도정한 사케를 다이긴죠슈(大吟醸酒), 40% 이상은 긴죠슈(吟醸酒), 30% 이상은 혼죠죠슈(本醸造酒)라고 한다. 오직 쌀로만 빚는 경우 준마이(純米)라는 순미란 이름이 같이 붙는다. 한국에서 유명한 사케인 쿠보다 만쥬(久保田万寿) 또는 닷사이(獺祭)는 모두 순수한 쌀을 50% 이상 도정한 준마이다이긴죠슈(純米大吟醸酒)이다.

막걸리는 이런 도정을 하지 않는다. 쌀의 바깥 부분에 있는 단백질, 지방, 무기질 등은 영양의 보고(寶庫)이기 때문이다. 우리에게 막걸리는 밥 같은 술이다. 즉, 음식과 같은 개념으로 보았기 때문에 굳이 그렇게 많이 깎을 필요가 없었다.

전통주와 사케를 비교할 때, 가장 다르다고 평가받는 부분은 주원료인 쌀이 아니다. 바로 발효제인 누룩의 차이다. 막걸리는 주로 밀을 원료로 한 누룩을 사용하는 반면, 사케는 쌀누룩을 쓴다.

우리 전통누룩은 통밀을 빻아 메주처럼 큰 덩어리로 만들어 발효시킨다. 반면, 사케는 흩임누룩이라는, 고두밥에 직접 배양균을 뿌려 발효를 시킨 입국을 사용한다. 문헌에 따르면 밀누룩을 사용한 이유는 밀이 가지고 있는 유기산을 활용, 가양주 발효 시에 잡균 번식을 억제하는 데 목적이 있다고 한다. 그런데 최근에는 막걸리 발효에도 쌀입국을 사용하는 경우도 많아, 원료로만 따진다면 사케와 비슷한 막걸리가 많이 출시되고 있는 것이 사실이다.

한국은 봄에는 진달래를 넣은 술, 여름에는 알코올 도수가 높은 과하주를 빚는 등 계절성이 강한 계절 술을 빚는다. 허균의《한정록》에는 술을 마시는 데 있어 다섯 가지 합(合)이 있다고 했는데 그중 하나가 '꽃이 피자 술이 익은 때'라고 말했다. 꽃이 피는 봄이야말로 술을 즐기기에 가장 좋은 시기라는 것이다. 이렇다 보니 꽃놀이는 한시나 시조, 가사 같은 문학 작품에도 많이 인용되었으며, 각 계절에 나오는 과실 및 꽃, 곡물들로 사시사철 다양하게 가양주를 빚어 마셨다.

사케는 겨울에 중점적으로 빚는 술이다. 수확과 농번기가 끝난 농민들의 부업 수단이기도 했다. 하지만 그보다 중요한 것은 겨울이 저온 숙성이 가능한 시기였기 때문이다. 온도와 습도가 높은 일본의 봄, 여름은 술 빚기에 적합하지 않았던 만큼 겨울에 집중해서 빚은 것이다. 또한 다양한 재료를 사용하는 한국과는 달리 오직 쌀누룩만으로 청주를 빚으며 그 속에서 다양성을 찾은 것도 사케의 특징이기도 하다.

막걸리는 만들어서 출하하기까지 약 5일~15일 정도 걸린다. 일부 장기숙성시키는 막걸리도 있지만, 95% 이상이 이 범위 안에 들어간다. 그리고 생(生)이 중요한 만큼, 만들자마자 바로 출하하는 경우가 많다. 숙성보다는 신선함을 중요시하는 것이다. 반면 사케는 정미에서 발효 숙성까지 약 2~3달 정도 걸리고, 이후에는 저장 창고에 들어가서 손님을 기다린다. 봄에 나오는 것은 신슈(新酒)라는 햅쌀 사케이고, 가을에 나오는 것은 히야오로시(ひやおろし)라는 숙성된 사케. 물론 겨울에 만들어진 사케로 봄, 여름, 가을, 3계절을 지낸 후에 나오는 숙성된 맛이 특징이다.

막걸리와 사케는 맛에서도 역시 현격한 차이를 보인다. 막걸리에는 곡류의 다양한 맛이 느껴지고 다양한 효모균이 살아 숨쉰다. 이러한 막걸리를 맛본 외국인은 막걸리 맛을 'Complex Flavor'이라고 표현했다. 복잡하고 오묘한 맛이라고 해석된다. 숙성 기간은 짧지만 발효된 원료 그 자체가 들어가다 보니 자연스럽게 복잡한 맛이 나오는 것이다. 사케는 원료도 쌀누룩과 쌀을 사용하니, 심플하고 깊은 맛을 낸다.

앞에서 설명했듯이 막걸리가 더 좋으냐, 사케가 더 좋으냐라는 질문은 우문이다. 빚는 이의 정성을 느끼며 마실 수 있다면 그것이 바로 명주(銘酒)라는 말이다. 즉, 명주란 빚는 이가 얼마나 많이 고민

하고 노력하고, 정성을 들였느냐에 따라 결정된다. 아쉽게도 우리 나라 막걸리를 포함한 전통주 시장에서는 아직 만든 이의 정성을 아는 문화가 정착되어 있지 않다. 어떠한 재료를 얼마에 걸쳐서 어떻게 빚었는지 관심을 갖는 이가 많지 않다. 와인, 사케에 대해서는 지식을 뽐내는 이들이 많지만, 막걸리를 비롯한 전통주 이야기가 나오면 조용해진다. 사케를 국주(國酒)라고 부르며 나라의 술이라는 이름으로 승격시키고 스스로 자부심을 가지고 있는 일본과는 많이 다른 모습이다. 필자는 우리 술 문화에서 이것이 가장 안타깝다.

## 증류식 소주VS 희석식 소주, 당신의 선택은?

× × ×

전체적으로 주류 소비가 감소 추세인 가운데 수입 맥주, 스파클링 와인과 더불어 상승하고 있는 주종이 있다. 바로 증류식 소주이다. '일품진로', '대장부'를 비롯한 대기업 제품부터 본격적인 증류식 소주 시장을 열었다는 '화요', 그리고 안동소주를 필두로 하는 전통소주가 대표적이다. 2015년 국세청의 자료에 의하면 증류식 소주는 2012에 비해 2015년 200%, 2017년 300% 이상의 성장을 바라보고 있다. 이에 비해 희석식 소주는 2015년 전년 대비 소비량 0.2% 감소, 맥주는 0.7% 감소 추세다. 선진국을 중심으로 알코올 소비량이 줄어들고 있는 가운데, 증류식 소주의 성장은 괄목할 만한 현상이다. 늘 새로움을 추구하는 소비자 문화와 기존의 무조건

취하는 문화에서 맛을 즐기는 문화로 이동하고 있다는 뜻이기도
하다.

일반적으로 희석식 소주란 85% 이상의 주정(에틸알코올)을 물로
희석하고 각종 첨가물로 조미한 술이다. 연속식 증류기를 통해 증
류 시에 나오는 불순물, 메틸알코올, 퓨젤 오일 등을 철저하게 제거
해 순도 높은 에틸알코올을 만든다. 희석식 소주의 맹점은 불순물
도 없애지만, 원료가 가진 풍미도 같이 없앤다는 것이다. 그러다 보
니 주원료를 무엇으로 할 것인가 고민할 필요가 없다. 쌀을 쓰든 고
구마를 쓰든 어차피 동일한 맛이 나오기 때문이다. 빨리 만들 수 있
고, 좋은 원료를 고집할 필요도 없다. 그래서 저렴하게 대량으로 만
들 수 있다.

이에 반해 증류식 소주는 단식 증류기를 통해 1, 2번만 증류를
해, 원료의 풍미를 살린 소주다. 숙성을 통해 불순물을 없애는 과정
을 두기도 하지만, 최근에는 증류 기술이 발달해 불순물이 거의 나
오지 않는다. 이런 증류식 소주는 원료가 무엇인지에 따라 확실하
게 다른 맛이 난다. 우리가 흔히 이야기하는 쌀 소주, 보리소주, 고
구마 소주가 바로 증류식 소주다. 희석식 소주나 증류식 소주 모두
발효와 증류라는 단계를 거친다. 그런데 하나는 희석식 소주고 하
나는 증류식 소주다. 희석식 소주 입장에서는 우리도 발효하고 증
류하는데 용어를 증류식과 희석식으로 구분하는 것이 억울할 수
있다. 실은 희석식 소주란 이름은 공정에서 나온 말이 아니라 공장

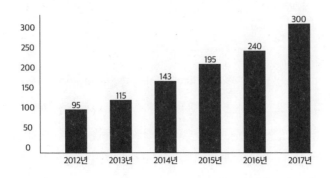

증류식 소주 성장세(단위 억 원, 2016 · 2017 국세청 추정액)

자체의 시스템 때문에 붙었다고 봐야 옳다. 증류식 소주를 만드는 양조장에서는 원재료를 직접 발효하고 증류하여 제품을 만든다. 그에 비해 희석식 소주 공장에서는 이미 만들어진 주정을 물로 희석하고 조미를 하는 게 공정의 대부분이다. 즉, 주정 공장에서 알코올을 가져와서 희석하고 조미해서 시장에 내놓는다. 그래서 양조장에서 발효와 증류를 거쳐 만든 소주를 증류식 소주, 공장에서 주정을 희석해 만든 소주를 희석식 소주라고 부르게 된 것이다.

문제는 우리나라 법률에서 증류식 소주와 희석식 소주에 대한 개념을 구분하지 않는다는 점이다. 옆나라 일본은 확실하게 선을 그어놓았다. 원래 일본은 희석식 소주를 소주갑류, 증류식 소주를 소주을류라고 해서 갑과 을로 구분하다가 2002년 용어를 바꾼다. 증류식 소주는 '혼카쿠 쇼추(本格燒酎)' 우리말로 하면 '본격소주' 제

다양한 증류식 소주

대로 된 소주라는 뜻이다. 그래서 영어로는 'Real Shochu'라고 표현한다.

반드시 단식증류기를 통해 1번만 증류해야 한다고 정해져 있으며, 맥아와 과실, 그리고 사탕수수 등을 재료로 해서는 안 된다. 맥아는 위스키 원료이며, 과실은 브랜디, 사탕수수는 럼의 재료이기 때문에 이 술들과 차별화시키는 동시에 일본 소주의 정체성을 확립하기 위해서다. 재미있는 건 위에서 금지한 재료가 아니면 어떤 재료든 다 가능하다. 양파, 우유, 딸기, 파, 심지어 고추냉이로 소주를 만들어도 본격소주라고 인정받을 수 있다. 이 법률이 제정되고 난 후, 일본의 증류식 소주 시장은 2003년부터 희석식 소주 시장을 앞지른다. 결국, 소비자가 원료의 풍미가 살아 있는 술을 선택했던 것이다. 일본의 증류식 소주 시장이 이렇게 발달할 수 있었던 가장 중요한 이유는 지역의 역사와 문화를 품고 있기 때문이다. 실례로 일본 가고시마의 고구마 양조장에 가보면 먼저 고구마가 들어온 지역의 역사와 다양한 품종부터 알려주며 공정 및 시음은 그 이후에 진행된다. 이는 증류식 소주의 가장 큰 부가가치가 원재료인 농산물에서 나온다는 것, 그 농산물이 무엇이냐에 따라 술의 가치는 물론 소비자의 인식도 크게 달라진다는 것을 알려준다. 결국, 농산물이 소주의 가치를 결정한다고 해도 과언이 아니다.

용어 정리가 된 일본과 달리 우리나라에서는 증류식 소주와 희석식 소주라는 용어에 대해 논란이 많다. 둘 다 희석하고 증류하는 과정을 거치기 때문이다. 그렇다면 소비자의 알 권리를 위해 어떻게 표기하면 좋을까? 가장 높은 비율의 원료를 표기하는 것이 합리적이지 않을까. 희석식 소주의 뒷면을 보면 원료의 비율 중 가장 높은 것이 주정, 즉 에틸알코올이다. 그렇다면 이 소주의 원료는 주정이 가장 높은 비율을 차지하니 주정 소주라고 표기하면 된다. 반대로 쌀을 재료로 만든 안동소주(주원료 쌀)는 쌀소주라고 표기한다. 일부 희석식 소주에는 쌀 주정이 들어가기도 한다. 하지만 그 양이 지극히 적다. 즉, 가장 높은 비율의 원료를 표기하면 소비자가 쉽게 이해할 수 있다. 재료가 주정이든 쌀이든, 소비자가 알고 선택하면 된다. 어차피 풍미가 다른 것이지 증류식이라고 몸에 더 좋은 것도 아니고, 희석식이라고 더 나쁜 것도 아니다. 어차피 과음하면 몸에 나쁘기는 매한가지다. 원재료가 확실하다 보니 증류식 소주는 희석식 소주보다 가격이 높다. 반대로 말하면 희석식 소주는 저렴하다는 말이다. 그렇다고 값이 비싸면 좋은 술이고 저렴하다고 나쁜 술이라는 뜻이 아니다. 결국 당신의 입맛과 술을 마시는 목적에 맞게 선택하면 된다. 하지만 한 가지 확실하게 아쉬운 것은 대기업에서 판매하는 대표적인 증류식 소주에는 지역 문화가 깃들어 있지 않다는 점이다. 하지만 철옹성 같던 소주 시장에 증류식 소주라는 변화의 바람이 불고 있다. 지금 이 시점에서, 조금 더 지역의 가치를 알리고, 지역 문화와 융합된 술을 지역의 음식과 같이 알려보면 어떨까? 단순히 지역의 경제를 살리자거나 농민을 살리자는 옛 슬로건이 아니라, 그런 노력으로 우리 증류식 소주 시장에 더욱 활기를 불어넣을 수 있다. 또한 증류식 소주가 시장에서 더욱 굳건한 위치를 잡기 위해서는 원재료인 농산물의 부가가치를 올리고 지역 문화와 토착화되는 것이 필수적이다. 그래야 짧은 유행과 함께 끝나버리는 도시의 짧은 소비 수명을 극복하고 오래 살아남을 수 있다. 그리고 앞서 설명한 표기법도 바꿔야 한다. 유일하게 한국 술 분야에서 영역을 넓혀나가고 있는 증류식 소주, 언젠가는 술과 농산물을 만나기 위해 전국 방방곡곡을 여행하는 날을 기대해본다

## 유럽에서도 소주는 이슬로 통했다?

××× 

영어로 효모를 이스트라고 한다. 이스트는 당분을 먹고 알코올 발효를 하며 탄산을 배출하는 술 발효에 가장 중요한 진핵생물이다.

이스트의 어원은 고대 영어 'gyst'로 '끓는다'는 의미다. 술이 발효될 때 나오는 탄산과 효모 활동으로 온도가 최대 40도 전후까지 오르는데, 그 모습을 보고 끓는다고 말한 것이다. 흥미로운 건 우리말에도 이런 표현이 있다. 바로 술의 어원인 수불, 물속에 불이 있어 끓는다는 뜻이 이스트의 어원 'gyst'와 흡사하다. 발효한다는 뜻의 영어 Fermantation 역시 라틴어의 "fever", 끓는다는 뜻의 말에서 왔다. 결국 술이 발효되는 것을 보고 동서양 모두 같은 생각을 한 것이다. 전통주에서 주종을 구분할 때 자주 쓰는 단어가 있다. 고(膏), 로(露), 춘(春), 주(酒). 고는 기름 고자로 다양한 약재를 넣고 푹 고아, 약재의 기름을 담고 내린 술을 의미하며 대표적으로는 정읍의 죽력고(竹瀝膏)가 있다. 로(露)는 증류할 때 술이 떨어지는 모습이 이슬과 같다고 하여 일반적으로 소주 이름에 많이 쓰이는데, 전통주 중에는 감홍로(甘紅露)가 있으며, 이 이름을 빗댄 대표적인 술이 진로(眞露)다. 춘(春)은 좋은 발효주를 뜻하는데, 문경의 호산춘, 약산춘, 그리고 대중적인 술로는 산사춘 등이 있다. 그런데 서양에서도 증류할 때 술이 떨어지는 모습에서 따온 단어가 있다. 증류라는 뜻의 디스틸레이션(distillation), 여기서 디스틸(distil)은 증류한다는 뜻도 있지만, 방울, 이슬이라는 뜻도 있다. 우리가 증류해서 마시는 소주에 이슬 로(露)를 붙여 마시는 것과 같은 의미다. 그들에게도 증류주는 이슬처럼 보였던 것이다.

막걸리, 약청주, 와인을 증류하려면 끓여야 한다. 끓이기 위해서는 꼭 필요한 것이 있다. 바로 불이다. 불로 구워야 알코올과 물로 분리되기 때문이다. 그래서 구운 술, 소주(燒酒)라고 하는 것이다. 같은 어원으로는 브랜디가 있다. 대표적인 과실 증류주인 브랜디는 프랑스에서 영국으로 수출하는 술의 양을 줄이기 위해, 또 무게를 줄여 세금을 아끼기 위해 만들어졌다고 한다. 흥미로운 것은 이 브랜디의 어원이 네덜란드어인 브란데베인(brandewijn)이라는 사실이다. 영어 식으로 표현하면 번 와인(Burn Wine)이다. 그 단어가 세월을 거듭해 브랜디 와인, 이후 현대에 들어서는 브랜디가 되었다. 한마디로 브랜디를 직역하면 소주라고 할 수 있다.

서양의 대표 고급 술인 위스키의 어원은 우스게바(Usquebaugh), 생명의 물이란 뜻이다. 십자군 원정에서 서남 아시아의 연금술에서 파생된 증류 기술을 배워 온 당시 스페인의 철학자가 '신이 머무는 생명의 물'이란 이름으로 처음 불렀다고 한다. 이름부터 신비로운 만큼 다들 마시고 싶어 하는 음료였는데, 때마침 14세기에 유럽에 흑사병이 퍼지면서 위스키가 예방용, 또는 치료용으로 쓰이게 된다. 흑사병은 당시 유럽 인구의 3분의 1이 사망했다고 할 만큼 엄청난 재앙이었다. 우연히 위스키를 마시고 살아난 사람, 또는 병에 걸리지 않은 사람들은 위스키를 신뢰하게 되고, 결국 이 시장이 커지면서 위스키는 점차 약용에서 음주용으로 널리 퍼지게 된다. 우리로 비유하면 건강을 생각하는 약주 문화와 유사점이 있다.

사극에 빠지지 않고 등장하는 곳이 있다. 바로 주막이다. 주막은

○
중세유럽의 다양한 증류기

만남의 장소이자, 많은 거래와 서신교환, 그리고 물물교환에 환전까지 이뤄지던 곳이다. 이런 주막에서 가장 중요한 존재가 바로 주모다. 주모는 접객을 하고, 술을 빚고, 요리를 하고 주막의 모든 일이 원활하게 돌아갈 수 있게 관리했다. 서양에도 술을 빚는 여인이 있었다. 영국식 맥주를 뜻하는 단어 에일(Ale)에 여성을 뜻하는 단어 와이프(Wife)가 붙어서 Alewife, 쉽게 말해 맥주를 만들어서 판매하는 사람이다. 우리말로 주모다. 흥미로운 것은 이 에일을 만들어 파는 곳은 에일 하우스(Ale House)라고 했는데, 술을 빚어 판매했고, 식당과 숙박도 함께 했다. 주막의 기능과 똑같다. 이 에일 와이프는 술 빚기가 노동집약적인 산업으로 바뀌면서 사라지게 되고, 에일 하우스 역시 전문적인 숙박업체인 호텔이나 인(Inn)등이 생기면서 역사의 뒷길로 사라지게 된다.


## 콜라는 와인에서 왔다?

××× 

최근에 흥미롭게 풀이되는 글자를 발견했다. 바로 의사, 의학 등에 쓰이는 의술 의, 고칠 의(醫)란 글자다. 예술(藝術)이란 글자에 쓰이는 재주 예(藝)와 더불어 참 외우기 어려운 한자다. 고칠 의(醫)를 하나씩 풀어보면 상단부에는 아플 예(殹), 아래에 항아리 유(酉)가 받치고 있다. 글자 하나에 아픔과 치료에 대한 내용이 모두 들어가 있다. 도대체 항아리 유(酉)가 아플 예(殹)를 받치고 있는 것뿐인데 왜 아픔과 치료가 다 된다는 것일까? 옥편을 열어보니 그 답답함이 해소가 되었다. 여기서 항아리 유(酉)는 바로 술단지를 뜻한다. 술이 마취 기능 및 다양한 약용 기능을 했기 때문에 술로 아픔을 낫게 한다는 의미인 것이다. 그럼 도대체 어떻게 술이 약용으로 쓰인 것일까?

서양에서도 이미 그리스 신화나 로마 시대에 약술이 존재했던 것으로 나온다. 그중 가장 상품화가 많이 된 술을 이야기하자면 바로 진이다. 1660년에 네덜란드의 의학 교수가 만들었는데, 해열 및

런던 드라이진

이뇨작용을 돕는 노간주나무 열매를 활용해서 만들었다. 몸에 빠르게 흡수시키기 위해 맥주에 넣어 증류해서 약용으로 썼으며, 초기에는 약국에서만 판매했다. 재미있는 것이 영국의 명예혁명 덕분에 네덜란드의 진은 영국으로 가게 된다. 당시 의회와 대립하던 제임스 2세가 프랑스를 망명을 가고, 뒤를 이어 네덜란드 귀족인 윌리엄 3세가 영국의 국왕이 된 것이다. 이 윌리엄 3세는 이전 왕 제임스 2세가 프랑스로 망명을 갔던 역사적 치욕 때문인지 프랑스 코냑(브랜디)을 싫어했다. 그래서 프랑스산 코냑 수입에 제한을 건다. 새로운 술에 대한 수요가 영국 내에서 들끓었고 네덜란드의 진이 자연스럽게 영국으로 강제진출을 하게 된다. 그렇게 해서 태어난 것

예거마이스터

이 바로 런던 진이다. 일반적인 진은 노간주나무 열매 대신 향료나 설탕을 넣기도 한다. 그런데 런던 진은 드라이한 맛을 자랑해서 맛이 깔끔했다. 영화 007에 등장하는 마티니나 진토닉 등이 대표적인 진으로 만든 칵테일이다.

몇 년 전에 클럽에서 엄청나게 많이 팔린 술이 있다. 예거밤이라 불리는 술, 독일의 예거마이스터를 베이스로 레드볼 또는 핫식스, 얼음을 넣은 칵테일이다. 이 술이 유명해진 이유는 기존의 쓴 약술과는 달리 달콤했기 때문이다. 1935년에 허브, 과일, 뿌리 등 56가지의 재료를 넣어 만들어 출시했다. 독일에는 아직도 이 술을 가정상비약으로 갖춰놓은 집들이 많다고 한다. 예거마이스터(Jagermeister)란 이름은 헌팅 마스터(전문 사냥꾼)란 의미로 이름 때문에 젊은 층에게 어필했는지도 모르겠다.

일본의 양명주

일본의 대표적인 약술은 양명주다. 진이나 예거마이스터와는 달리 이 술은 지금도 약술이다. 일설에 따르면 임진왜란의 장본인 토요토미 히데요시가 물러나고, 도쿠가와 이에야스가 정권을 잡은 17세기 초에 이미 정권의 최고 실세인 막부(당시 일본의 사무라이 들의 최고 정치기구)에 바치는 약용술이었다고 한다. 한국의 약술과 무척 비슷한 재료가 들어가는데, 대표적으로는 계피, 지황, 작약, 인삼, 방풍, 울금 등이 대표적이다. 알코올 도수 14도로 자양강장제 같은 역할을 했는데 흥미로운 것은 미성년자도 마실 수 있다는 점이다. 다만, 알코올에 대한 인식이 강화되면서 점점 사라져가고 있는 제품이기도 하다.

1800년대 말, 서부 개척시대의 미국에서는 약국에서 탄산수를 팔았다고 한다. 그리고 탄산수에 다양한 허브를 넣어 자양강장제처럼 만든 음료도 본격적으로 등장한다. 그런데 이때쯤 미국에서 노예 해방을 위한 남북전쟁이 일어난다. 그리고 전쟁에서 수많은 사람이 다치면서 국소마취제가 필요하게 되었다. 이때 등장한 것이 바로 그 유명한 콜라이다. 와인에 '코카인'과 '콜라'라는 당시 아프리카산 허브를 넣어 만든 음료를 판매하기 시작했는데 향후에 와

죽력고

인은 시럽으로 코카인은 카페인으로 바뀐다. 결국, 전쟁이 콜라를 만들었다고 해도 과언이 아니다. 지금은 누구나 즐기는 음료인 콜라의 시작은 국소마취제를 대신해 와인에 코카인을 넣은 술이었다. 아이러니하지만 콜라야말로 진짜 약용술이자 응급치료제였다.

우리나라에는 약술이 정말 많았다. 곡식이 부족했던 조선왕조는 금주령을 자주 반포했다. 그것을 어기지 않기 위해서는 술을 약용으로만 사용해야 했기 때문에 자연스럽게 약용술이 발달을 하게 된다. 오죽했으면 보통의 술도 약주라고 불렀을 정도일까. 너무나도 많은 술이 있지만, 대표적인 약용술로는 죽력고와 감홍로를 들고 싶다. 대나무의 수액이 들어간 정읍의 죽력고는 막힌 혈을 뚫어준다고 한다. 그래서 동학혁명을 일으킨 전봉준 장군은 일본군에게 잡힌 후에 모진 고문을 당했지만 죽력고를 마시고 다시 원기를 회복했다는 전설이 전해진다. 또 하나로 말하자면 감홍로가 있다. 계피와 진피가 들어간 감홍로는 몸을 따뜻하게 하여 감기 예방에 좋은 술로 잘 알려져 있다. 마시면 몸이 따뜻해져서일까, 춘향이가 이몽룡에게 주는 이별주로도 등장한다.

허준의 《동의보감》에는 술에 대해 정확하게 나와 있다. 의학적으로 보는 술의 기능성과 반대로 부작용도 같이 말이다. 결국 허준은 술의 실과 허를 정확하게 알고 있었다는 뜻이기도 하다.

술은 본디 상약(上藥) 중에서도 상약으로, 한두 잔 마시면 효능이 번개처럼 빠르게 나타난다. 하지만 지나치게 마시면 크게 독하고, 크게 열(熱)하기 때문에 사람의 몸을 상하게 하고 간이 붓는다

## 바나나맛 막걸리는 막걸리니?

××× 

수 년 전 식품업계에서 핫 이슈가 된 제품군이 있었다. 바로 바나나맛 제품들이 쏟아져 나온 것인데 바나나 맛 초코파이, 바나나 맛 음료 등, 트랜드로 자리매김할 만큼 시장과 미디어의 관심을 받았다. 그중에서도 뜨거운 감자 같은 제품이 바로 일명 바나나 맛 막걸리이다. 일반인이 보기에 마셔보고 따라보면 색이나 탁도, 그리고 병의 디자인까지 막걸리와 유사하지만, 이 제품은 막걸리, 즉 주세법상 탁주가 아니다. 향이나 색을 별도로 넣으면 막걸리가 아닌 기타

주류로 분류되는데, 이 제품은 바나나 퓌레를 넣어 바나나의 맛과 향을 냈기 때문이다. 그래서 막걸리라 표기하지 못하고 기타주류로 분류된다.

여기에는 또 민감한 세금 문제가 얽혀 있다. 막걸리는 주세가 5% 밖에 안되지만 기타주류 세금은 30%나 된다. 또 판매하는 루트도 완전히 다르다. 기타주류는 기존의 소주, 맥주와 함께 파는 종합주류란 유통으로 판매해야 하고, 막걸리는 특정주류도매라는, 이른바 막걸리 및 약주, 전통소주 등 이른바 전통주 카테고리에 들어가는 제품 위주로 판매하는 유통을 거쳐야 한다. 바나나 퓌레를 넣었다는 이유로 막걸리를 막걸리 판매루트에 넣지 못한다면 세금뿐만이 아닌 판매에도 애로사항이 생긴다. 그렇다면 이 바나나 맛 막걸리는 어디로 가야 할까?

막걸리라는 의견을 살펴보자. 현재 바나나 또는 바닐라 향을 쓴 유제품을 보면 제품 전면에 우유라고 표기를 하고 있다. 식품표기법상 뒷면에만 가공유로 표기했을 뿐이다. 산업 측면에서 본다면 막걸리의 향 또는 색에 거부감이 있는 층이 있는데, 바나나가 들어가면 굉장히 친근해지는 느낌이다.

막걸리가 아니라는 의견도 만만치 않다. 세계적인 술을 봤을 때, 술에 대한 원료와 제조방법, 그리고 규격이 엄격하다. 영국 법령에 의하면 스카치위스키는 맥아의 효소에 의해 당화되어야 하고, 스코틀랜드에서 증류하여 최저 3년간을 숙성시켜야 하며, 알코올 도수도 40도 이상이어야 표기할 수 있다. 원액을 수입하여 우리나라에서 블랜딩한 40도 미만의 위스키를 스카치위스키라 부르지 못하는 이유가 여기에 있다.

일본의 사케도 마찬가지다. 일본식 청주(SAKE)는 물과 쌀, 그리고 쌀누룩이 중심이 된다. 쌀 외에 밀이 들어가거나 너무 거르지 않으면 잡주(雜酒)가 되기도 하고, 다양한 것이 첨가되면 아예 품목이 달라진다. 일본의 증류식 소주인 본격소주(本格燒酎) 역시 마찬가지이다. 위스키와의 구별을 위해 맥아 발효를 금지하고 있으며, 브랜디와 구별점을 위해 포도주로 증류하지 못하고, 럼과의 구별을 위해 사탕수수로 만들면 안 된다. 순수란 이름으로 규제를 엄격히 함으로써 오히려 스토리텔링을 쌓아가며 마케팅을 하고 있다.

일본의 청주는 청주와 합성청주 두 종류로 나뉘어 있다. 앞서 설명한 청주가 쌀과 쌀누룩, 그리고 물이 중심이라면 합성청주는 당류, 유기산, 아미노산 등을 넣어서 청주와 같은 풍미를 만든 술을 말한다. 특이한 점은 일본에서는 합성청주는 제품 제일 앞면에 합성청주라고 표기해야 한다. 즉, 소비자들이 이것이 합성청주인 줄 알고 선택하게 하는 것이다. 이런 제도를 통해 식품에 대한 신뢰도가 높아지며, 일본 식품, 나아가 일식문화 자체에도 좋은 영향을 미친다. 다만 판매루트는 일반 청주와 같다.

이번 논쟁을 보면, 결국 소비자가 잘 판단하고 선택할 수 있는 시스템이 무엇인가가 중요한 포인트이다. 결국 소비자가 알 권리를 더욱 부여해야 한다는게 핵심이다. 그런 의미에서 쌀을 발효시켜 탁하게 마시는 일명 바나나 맛 막걸리는 기타주류란 표기에 적합하지 않을 수 있다. 반대로 향과 색을 넣는다는 부분에서는 막걸리라는 품목에도 적합하지 않을 수 있다.

결국, 이런 막걸리 음료가 앞으로도 계속 나올 수 있다면, 유사한 제품을 위한 새로운 규정이 필요하다. 마치 바나나 맛 유제품이 표기법상 천연우유가 아닌 가공유라고 기재하고, 일본의 당류 등이 들어간 청주가 청주가 아닌 합성청주로 표기되어 있는 것처럼 말이다. 그리고 이런 표기는 라벨 뒤에 깨알 같은 글씨가 아니라 전면부에 큰 글씨로 해야 한다. 이렇게 하면 판매하기 어려워진다고 생각할 수도 있다. 하지만 장기적인 관점에서는 절대로 그렇지 않다. 소비자는 알고 구입하기를 희망할 뿐, 가장 중요하게

○
국순당 쌀 바나나. 막걸리라고 표기되어 있지 않다

생각하는 것은 기업에 대한 신뢰와, 무엇보다도 중요한 것은 맛이다.

그리고 이런 시스템은 개인이나 기업이 다 만들 수 없다. 국가가 나서서 표기법 등을 교통정리 해줘야 한다. 이것은 무릇 막걸리에만 적용되는 것이 아니다. 실은 한국의 청주도 앞서 말한 당류 및 다양한 첨가물을 넣은 것이나 그렇지 않은 것이나 표기사항은 모두 똑같이 청주로 기재된다. 소주도 희석식 소주나 증류식 소주도

법적으로 구별된 표기 의무가 없다.

한국의 주류관련 법규는 더욱 세분화되어야 한다. 그리고 그 중심에는 판매자나 제조자가 아닌 소비자가 중심이 되어야 한다. 이를 통해 소비자와 제조자 사이에 신뢰가 쌓인다면, 진정한 식품산업발전, 나아가 문화발전으로도 이어지지 않을까?

# 책을
# 마무리하며

얼마 전, 중국의 시진핑 주석이 2억 원짜리 증류주 마오타이란 술을 만찬주로 썼다는 보도가 있었습니다. 마오타이는 중국의 8대 명주 중 하나로, 중국 공산당이 국민당에게 쫓기면서 약으로 쓰기도 하고, 중요한 회의와 장소마다 선보인 의미 있는 술입니다. 개인적으로 이런 중국의 환경이 무척 놀라웠습니다. 2억 원짜리 술을 구매할 소비층이 있다는 것도, 그들 스스로 자신들의 술을 고부가가치가 있는 문화로 인정한다는 것이 너무나 부러웠습니다.

우리는 어떨까요? 수 년 전 막걸리 양조장 관계자와 나눴던 대화가 떠오릅니다. 막걸리를 고부가가치 상품으로 만들어보자는 일환으로 원료를 저렴한 수입 쌀에서 지역의 햅쌀로 바꿨다고 합니다. 그래서 소비자가격을 200원 정도 올려 마트에서 판매를 시작했지만 결론적으로 그 상품은 1주일 만에 철수해야 했습니다. 한국의 막걸리 소비자는 막걸리가 200원 더 비싼 것을 납득하지 못하

아침창 마지막날

고 외면했기 때문입니다. 막걸리를 고르는 기준은 그저 저렴한 것이 최고였습니다. 그 이상의 가치는 필요 없는 것이 현실이었습니다. 업체는 양조장 운영을 위해 다시 수입 쌀을 써야 하는 환경에 직면하게 되고, 결국은 다시 수입 쌀을 쓰게 되었다고 합니다. 외국의 술은 맛과 멋으로 즐기고, 우리 술은 그저 취하기만 하면 된다고 생각하는 민낯을 고스란히 볼 수 있는 이야기가 아닌가 합니다.

물론 앞서 설명한 대로 일제강점기의 주세법과 양곡관리법 때문에 쌀, 보리로 술을 못 빚게 된 것, 산업화 시대에 맞춰 빨리, 많이 만들어야 했던 이유 등 사연은 많습니다. 하지만 가장 중요한 것은 그 과정에서 우리 시골과 동네라는 로컬문화를 잃어버렸다는 것입니다. 그저 대도시가 최고였고, 첨단 유행을 따르는 것이 중요했습니다. 그러다 보니 지역의 막걸리나 전통주에 관심조차 가지지 못했던 것입니다.

물론 전통주는 만드는 방법이 전통적이기에 전통주입니다. 하지만 그 기반은 모두 지역, 로컬문화에 있습니다. 서울의 술 삼해주도 지역 기반은 서울이라는 로컬입니다. 그렇다면 전통주를 살리기 위해 우리는 어떻게 해야 할까요? 대답은 간단합니다. 우리가 지역문화에 관심을 많이 기울이면 됩니다.

여행을 가면 그 지역의 술을 찾아보고 그 술을 파는 곳도 한번 가봅시다. 우리 동네 술을 찾아보면 더욱더 좋습니다. 우리 동네에는 어떤 술이 있는지, 어떤 곳에서 만드는지 직접 보는 것도 중요합니다. 큰 기업이든 작은 양조장이든 중요하지 않습니다. 어떤 양조장이 있는지 확인해봅시다. 이것도 없다면 부모님의 고향 술을 찾아보고, 그것도 없다면 고속도로 달리면서 지나가는 지역의 술이 뭐가 있을지 상상만 해봐도 전통주 문화는 발전할 것입니다. 모든 전통주 문화는 지역문화에 기반하기 때문입니다.

한때 저는 전통주를 살려야 하는 이유는 양조장이나 지역 농민들에게 그 혜택이 가기 때문이라는 생각을 했습니다. 그런데 지금은 그것이 아주 좁은 소견이었음을 압니다. 우리는 수천 년간 창의적으로 만들고 즐겨온 전통주 문화를 근대와 현대의 산업화란 이름으로 잃어버렸습니다. 그리고 거의 즐기지 못하고 있습니다. 지역 문화에 근거한 전통주 문화를 즐기지 못하고, 멀리 외국의 문화만 즐긴다면 가장 큰 손해를 보는 것은 우리 국민, 그리고 나 자신이 될 것입니다.

마치 우리 자식의 매력을 모른 채, 남의 자식이 멋지다고 바라보는 것과 다르지 않습니다. 이제는 우리 자식을 제대로 된 눈으로 바라볼 필요가 있습니다. 알고 보면 우리의 상상을 훨씬 뛰어넘는 멋진 매력을 가지고 있는 것이 바로 전통주입니다.

부족한 것이 많지만, 그래도 이 책을 통해 전통주에 대한 작은 목소리들이 다양한 소통으로 이어지는 나비효과를 불러온다면 저자로서 더 없는 영광이겠습니다.

# 참고 문헌

김유, 《수운잡방》, 김채식 옮김, 글항아리, 2015

남태우, 《홀수배 음주법의 의식과 허식》, 창조문화, 2009

류인수, 《한국 전통주 교과서》, 교문사, 2018

박록담, 《한국의 전통주 주방문》 1~5권, 바룸출판사, 2015

송영심, 《알고 먹으면 더 맛있는 음식 속 조선 야사》, 팜파스, 2017

이상희, 《술 : 한국의 술문화》, 선, 2009

이준구, 강호성, 《조선의 화가》, 스타북스, 2013

정구선, 《조선 왕들, 금주령을 내리다》, 팬덤북스, 2014

조신, 《국역 소문쇄록》, 국학자료원, 1997

진형석, 《일본 속 우리문화》, 청년정신, 2006

황현, 《오동나무 아래에서 역사를 기록하다》, 김종익 옮김, 역사비평사,
　　2016

허시명, 《허시명의 주당천리》, 예담, 2007

에이미 스튜어트, 《술 취한 식물학자》, 구계원 옮김, 문학동네, 2016

와다 미요코和田 美代子, 《일본주의 과학日本酒の科学》, 고단샤講談社,
　　2015

우에다 세이노스케上田 誠之助, 《일본주의 기원日本酒の起源》, 야사카쇼보
八坂書房, 1999

《술집의 교과서酒場の教科書》, 에이출판사エイ出版社, 2015

# 양조장 위치

| 지역 | 세부 지역 | 업체명 | 대표 주종 | 대표 제품 | 연락처 | 소재지 |
|------|------|------|------|------|------|------|
| 경기 | 포천 | 산사원<br>(배상면주가) | 막걸리 및 약주,<br>증류식 소주 | 느린마을<br>막걸리 | 031-531-9300 | 경기도 포천시 화현면 화현리<br>512 배상면주가 |
| 경기 | 파주 | 산머루<br>와이너리 | 와인 | 산머루 와인 | 031-958-4558 | 경기도 파주시 적성면 객현리<br>67-1 산머루농원 |
| 경기 | 가평 | ㈜우리술 | 막걸리 및 약주 | 가평 잣 막걸리 | 031-585-8525 | 경기도 가평군 조종면<br>대보간선로 29 우리술 |
| 경기 | 화성 | 배혜정도가 | 막걸리 및<br>증류식 소주 | 부자탁주 | 031-354-9376 | 경기도 화성시 정남면 서봉로<br>835 배혜정도가 |
| 경기 | 용인 | 농업회사<br>법인㈜술샘 | 막걸리 및 약주,<br>증류식 소주 | 이화주 | 070-4218-5225 | 경기도 용인시 처인구 양지면<br>죽양대로 2298-1 술샘 |
| 경기 | 안산 | 그린영농<br>조합 법인 | 와인 | 그랑꼬또<br>청수와인 | 032-886-9873 | 경기도 안산시 단원구 뻐꾹산길<br>107(대부북동) 그린영농조합 |
| 충남 | 당진 | 신평양조장 | 막걸리 및 약주 | 백련 막걸리 | 041-362-9063 | 충남 당진시 신평면 금천리<br>350-1 신평양조장 |
| 충남 | 예산 | 예산사과와인 | 와인 및 브랜디 | 예산사과와인 | 041-337-9584 | 충남 예산군 고덕면 대천리 501<br>예산사과와인 |
| 충남 | 논산 | 양촌양조 | 막걸리 및 약주 | 우렁이쌀<br>막걸리 | 041-741-2011 | 충남 논산시 양촌면 매죽헌로<br>1665번길 14-9 양촌양조 |
| 충남 | 서천 | 한산소곡주 | 약주 및<br>증류식 소주 | 한산소곡주 | 041-951-0290 | 충남 서천군 한산면 충절로<br>1118번지 한산소곡주 |
| 충북 | 단양 | 대강양조장 | 막걸리 및 약주 | 소백산 막걸리 | 043-422-0077 | 충북 단양군 대강면 장림리<br>113-7 대강양조장 |
| 충북 | 청주 | 조은술 세종<br>㈜ | 막걸리 및 약주,<br>증류식 소주 | 증류식 소주<br>이도 | 043-218-7688 | 충북 청주시 청원구 사천로<br>18번길 5-2 조은술세종 |
| 충북 | 충주 | 중원당 | 약주 | 청명주 | 043-842-5005 | 충북 충주시 중앙탑면 청금로<br>112-10 중원당 |
| 충북 | 옥천 | 이원양조장 | 막걸리 | 이원 생 막걸리 | 043-732-2177 | 충북 옥천군 이원면 묘목로 113<br>이원양조장 |
| 경북 | 문경 | 문경주조 | 막걸리 및 약주 | 문희주 | 054-552-8252 | 경북 문경시 동로면 노은1길<br>49-15 문경주조 |

• 농식품부가 인증하는 '찾아가는 양조장'으로 선정된 30곳 리스트입니다.

  방문하시게 되면 사전에 전화 등으로 체험 및 견학 여부를 확인하시기를 추천드립니다.

| 지역 | 세부 지역 | 업체명 | 대표 주종 | 대표 제품 | 연락처 | 소재지 |
|------|-----------|--------|-----------|-----------|--------|--------|
| 경북 | 안동 | 명인 안동소주 | 증류식 소주 | 안동소주 | 054-856-6903 | 경북 안동시 풍산읍 산 업단지6길 6 명인안동소주 |
| 경북 | 상주 | 은척양조장 | 막걸리 | 은자골탁배기 | 054-541-6409 | 경상북도 상주시 은척면 봉중리 311 은척양조장 |
| 경북 | 의성 | 한국애플리즈 | 와인 | 애플 사이다 | 054-834-7800 | 경북 의성군 단촌면 일직점곡로 755 한국애플리즈 |
| 경북 | 문경 | 오미나라 | 와인 및 브랜디 | 오미로제 | 054-572-0601 | 경북 문경시 문경읍 새재로 609 오미나라 |
| 경북 | 영천 | 한국와인 | 와인 | 한국와인 뱅꼬레 레드 | 054-333-3010 | 경북 영천시 금호읍 창산길 100-44(원기리 414-2) 한국와인 |
| 경북 | 울진 | 울진술도가 | 막걸리 | 울진 미소 생막걸리 | 054-782-1855 | 경북 울진군 근남면 노음2길 4 울진술도가 |
| 경남 | 함양 | 솔송주(영) | 약주 및 증류식 소주 | 솔송주 | 055-963-8992 | 경남 함양군 지곡면 지곡창촌길 3 명가원 |
| 경남 | 부산 | (유)금정 산성토산주 | 막걸리 | 금정산성 막걸리 | 051-517-6552 | 부산광역시 금정구 산성로 453 (금성동) 금정산성토산주 |
| 전북 | 정읍 | 태인합동 주조장 | 막걸리 및 약주, 증류식 소주 | 죽력고 | 063-534-4018 | 전북 정읍시 태인면 창흥 2길 17 태인합동주조장 |
| 전남 | 담양 | 추성고을 | 약주 및 증류식 소주 | 추성주 | 061-383-3011 | 전남 담양군 용면 추령로 29 추성고을 |
| 전남 | 해남 | 해창주조장 | 막걸리 | 해창 막걸리 | 061-532-5152 | 전남 해남군 화산면 해창길 1 해창주조장 |
| 전남 | 진도 | 대대로(영) | 증류식 소주 | 진도홍주 | 061-542-3399 | 전남 진도군 군내면 명량대첩로 288-23 대대로영농조합 |
| 전남 | 장성 | 청산녹수 | 막걸리 | 사미인주 막걸리 | 061-393-4141 | 전남 장성군 장성읍 남양촌길 19 청산녹수 |
| 제주 | 애월 | 제주샘주(영) | 약주 및 증류식 소주 | 오메기술 | 064-799-4225 | 제주 제주시 애월읍 애원로 283 제주샘주 |
| 강원 | 홍천 | 예술 | 막걸리 및 약주, 증류식 소주 | 동몽 약주 등 | 033-435-1120 | 강원도 홍천군 내촌면 물걸리 507 예술 |